我的手機女友

一個天才APP少年的校園青春童話和網路歷險記

康寶—著

推薦序

滑世代的正向能量

趨勢教育基金會董事長暨執行長 陳怡蓁

這是一個「下行上效」的滑世代，從小孩做起，老人家也跟上流行。一兩歲就會對著手機笑，在視訊通話上跟父母、爺奶揮揮手；餐廳裡別鬧，手機放個 Youtube 的卡通片給小孩看，一切都搞定；再大些，電玩、臉書占據了大部分的娛樂時間；然後谷歌大神告訴你一切，報紙書刊都可以滑來看，電視、電影、音響也可以不要，手機與平板上隨時收聽收看。逛街不必出大門，手一滑，什麼貨都送上門。甚至辦公也看 Line 行事，無時無刻不休息。

我們總是在滑與不滑之間猶豫。不滑跟不上時代，多滑又恐傷眼、傷腦及傷身。自己無法節制，卻又要求小孩自制。這是一個怎樣的滑世代？高科技究竟要把人類文明帶向何處？

不知道，我們真的不知道。

《我的手機女友》這本書沒有企圖要說教，也沒有企圖要解答。

康寶是網路世界的先鋒，因為他在全球頂尖的網路安全公司趨勢科技任職十七年，擔任第一線解決客戶問題的職務。他看盡網路上的正與邪，光明與黑暗，瞭解網路能殺人亦能成人的威力。他曾經是沈迷電玩不可自拔的少年，如今卻以一身功夫投入維護網路安全的正職工作，以及幫助故鄉架設網路、傳播訊息的義工志業。

我雖然一向愛護自己的員工，但是曾經擔任主編的專業不容許我心有偏私。康寶邀請我為他作序，沒看到文字之前我只是含糊應允。如今看了，我釋懷地笑了！這不為難，一點也不！

康寶的書寫是以瑰麗的想像力為前導，堅實的科技背景以及豐富的人生經驗為靠山。他太瞭解網路世界的空幻迷人之處，他不會正經八百地說：「不要，不可以！」他從那個虛幻的沈迷中走出來，回過頭，希望可以拉出更多沈迷的、待援的手。於是他說一個父子的親情故事、少年的戀愛故事，虛虛實實，引人入勝，高潮迭起。手機上的智慧是屬於人的還是機器的？是父親的感情，還是雲端女友的真情？少年在迷幻中卻體驗到真實的人生，進而能用雲端的智慧灌溉泥土，腳踏實地掌握兩界的正向能量，開發虛實互補的人生。

我願意推薦這本書，除了它好看，有趣之外，也包含了許多未來性。透過資訊安全的校園故事情節，書中提及許多先進的網路科技。比如虛擬實境的遊戲，或許未來有一天這不再是遊戲，而是真正可以自由發揮的第二人生，給予讀者很大的想像空間。康寶也用自身的實際成長經驗，啟發青少年朋友或許可以運用程式設計來解決問題，他所提出的比如英文闖關、彩繪玉米田、空拍機趕鳥、智慧手環溝通合作、粉絲手機排字互動等等，這些都不是空談，而是物聯網的實際應用。青少年讀了，或許能發揮想像力，激發出解決問題的能力。前不久，AlphaGo 打敗世界圍棋王，讓人工智慧再度躍上科技的熱門話題，手機或機器人應用認知學習思考，確實是未來科技的主流。

除了科技面，這本書也融入父母的愛與關懷，並介紹偏鄉的人文色彩，是一本難得的，兼具人文與科技，有溫度的好書。

導讀

只要你玩手機，就離不開這本書

宜蘭國中校長　康興國

「我的手機女友」單看這標題，我還以為是我們國高中生，人手一機每天形影不離，每天滑不停，所以才取名「我的手機女友」，然而這本書是希望讀者去深思手機到底能做什麼？最終目的是寫程式來解決問題的能力，與故事最後感人的結局相互呼應。

故事一開始，主人公大雄在國一時沉迷於3C電玩遊戲，或許這也是作者的寫照，才用幽默的口吻，以子曰：「大雄十五歲時立志學習網路遊戲，一小時三十元，只能站著玩；一小時四十元，可以發問網友如何過關，直到沒有疑問過關為止；一小時五十元，可以知道破關祕笈；一小時六十元，除了上述優待之外，還有自己的包廂及好聽的背景音樂；一小時七十元，除了上述優待之外，隨便你要怎麼玩，只要不犯法。」來打趣。

之後，大雄買了一支智慧型手機，引起親子的緊張關係，而他的父母跟我們一樣，想辦法搬出一套使用規範，再者以疏導方式，帶他下鄉教小朋友讀書，看他是否會惜福；或者以毒攻毒的想法，帶他去參觀電玩遊戲是如何製做，從傳統的電玩遊戲，到虛擬實境的遊戲，想讓大雄瞭解，電玩不只是好玩而已，會影響自己的人生，進而鼓勵他對程式設計的喜愛，或許未能馬上說服他，不過這等待是值得的。

大雄真正想要學習程式設計的轉變，源自於他父親車禍死亡的遺言「一年後……程……式……」，卻也是貫穿整篇故事的最大懸案。就在大雄生日那天，他從媽媽手中，意外得到一支夢幻手機。這支手機竟然是一支人工智慧手機，是大雄夢寐以求的，手機教他寫程式、唱歌、讀書，當然也有許多副作用，而手機有一個夢想就是想變成人。想想我們為人父母，給小孩手機也是希望方便連絡及學習，或許沒有我們期待的那麼完美，但要看怎麼去使用手機。

想像有一天，我們在網路沒有免費的影片可看及遊戲可玩，對我們來說，智慧型手機是不是變回原來的功能性手機，那我們還會沉迷於滑手機嗎？然而有了智慧型手機後，資訊的傳播也更為快速，考試時出現創意的智慧手環作弊，其實就是物聯網的應用；經營粉絲團及網路 Live 直播會讓你出名，但水能載舟也能覆舟，相反的也會來攻擊你讓你傷心；網路上的人肉搜索，讓你個人資料與隱私無所遁逃；喜歡自拍天天換大頭貼，讓大家羨慕地按讚，但要拍出青春的成長，小心裸照或密照外洩；網路的匿名特性，也助長了網路謠言、網路霸凌，常常傷害最深不是別人，而是自己親信的朋友，造成難以抹滅的痕跡，甚至關閉了網路的互動。

在網路的世界裡，駭客不再只是製造病毒，更形成有組織的地下經濟犯罪集團，其背後的目的就是錢。若使用手機及電腦沒有警覺心及防範，更是容易造成手機電腦被駭客入侵，成為綁架勒索、詐騙等問題。由於多年前的恩怨以及不法的商業競爭收買駭客，於是駭客利用各種方法入侵，來偷取商業機密。在校園中許多意想不到的資安情節，目的也是這商業機密，形成環環相扣的故事。最後，駭客趁著在全國高中的歌唱大賽中，更展開一場科技鬥智，宛如諸葛亮的空城計及計中計，不只要冷靜智慧的分析決斷，更重要的是大雄勇於冒險的精神及跳脫慣性的思維。

在結束與駭客的鬥智，由於大雄在偏鄉伴讀的學校，校長要頒獎給他，讓事情一步一步的真相大白。但當局者迷旁觀者清，藉由農夫及老爺爺他們人生的歷練，最後大雄在村莊的嶺岸上散心，回想過去發生的事情，用心看到及體會到真正的意義，因此解開神祕的信件，終於恍然大悟。這正是故事最精彩的結局，值得去深思與玩味，是一本寓教於樂的故事。

目錄

1

靈堂前的邂逅

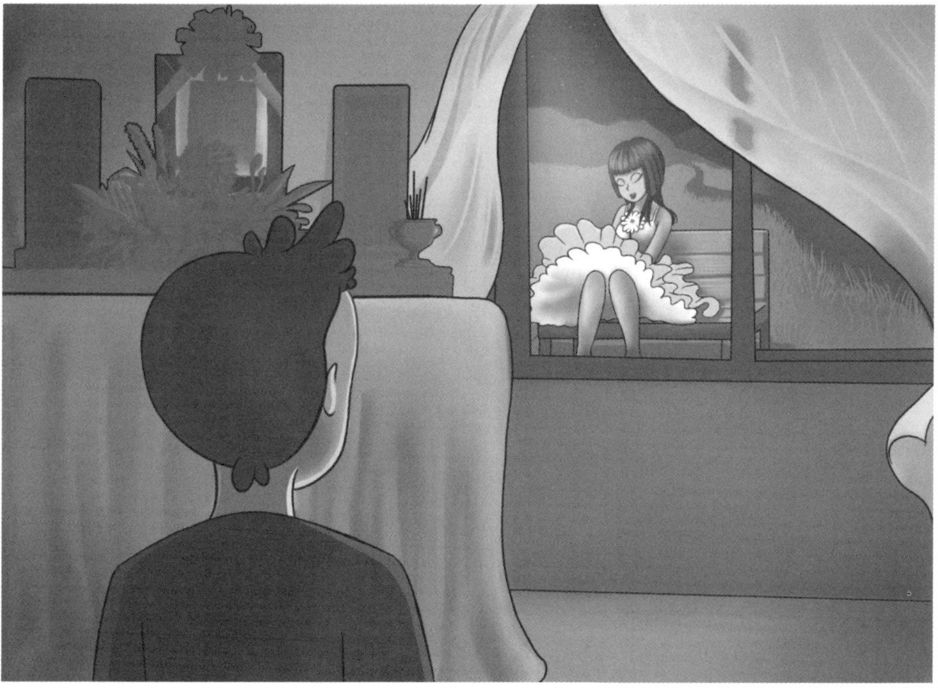

電腦鍵盤急促敲擊的清脆聲和碎紙機咬碎紙張的嘎嘎聲交織在一起，每個人都在快速備份及刪除資料。

在大雄爸爸的七人小型公司裡，大家正緊張又忙碌地進行著善後工作，似乎遭遇到了重大威脅。

好不容易忙完了，大雄爸爸急促地說：「快，大家趕快收拾重要東西，準備離開這裡！」

很快，車子駛離公司。

不幸的是，剛踏出辦公室時，他們就被歹徒跟蹤，司機不斷變換車道及超車，都沒有甩掉身後的「尾巴」。歹徒駕車緊跟在後面，並開槍示警。大雄爸爸的車似乎沒有理會，繼續加速往前開。這時，歹徒開槍打中車子左後輪，輪胎爆掉後，整個車身不穩定地稍微慢了下來。歹徒用車身把他們逼到死角時，他們已無路可走。正當大家要放棄時，司機趁歹徒一個沒注意，撞開歹徒的車子，加速開走逃逸。結果，歹徒惱羞成怒，加速往前緊跟著車子，追到偏遠的山路上，慢慢逼近大雄爸爸他們的車子，然後連續開了幾槍，打中了右前輪胎。車子整個重心不穩，翻轉了一圈半後，隨即翻覆到二十公尺高的山路下。歹徒下車小心翼翼走到陡峭的山路下查看，一看人都被拋到車外，正當要翻東西時，警車的鳴笛聲響起。

歹徒趕緊上車逃走。

當警車到達時，見六人當場喪命，大雄爸爸受了重傷，手放在口袋裡，緊緊握著手機，似乎事情來得太突然了。

警方尾隨歹徒的車，對空鳴槍示警，歹徒不甘示弱，開槍射擊警車，警車驚險閃躲，沒有被射中。警方這時出手，開槍打中了歹徒車輛的右後輪，車子搖搖晃晃開著。這時歹徒槍手又對準警車，而員警也對著歹徒的車子開槍，一瞬間槍聲隆隆，警車的前方擋風玻璃被射穿破裂，而車身也有幾個子彈貫穿的洞。歹徒的車子為了閃躲警方開槍，駛入對面車道，沒想到在一個轉彎處，一輛大卡車衝出，撞上了歹徒的車子，車裡的人當場身亡。

大雄媽媽和大雄聽到這個不幸的消息後，先後趕到了醫院。

大雄推開病房的門，看見媽媽在病床前淚流不止，他慢慢走上前去，跪在爸爸的身旁。

大雄爸爸摸著大雄的頭，似乎想安慰大雄，之後手慢慢游移到大雄的手，用最後一絲氣息，緊握著大雄的手，有氣無力、斷斷續續地說：「一……一年後……程……式……」

結果，話還沒說完，人就斷氣去世了。

大雄媽媽遭受突如其來的打擊，傷心地暈了過去，留下不知所措的大雄呆呆地站在原地。

晚上，大雄獨自一人給爸爸守靈，他不停地想：「到底一年後程式要做什麼？難道爸爸想要我一年後，把程式設計學好嗎？」

這時，窗外突然傳來美妙的歌聲。

「彎彎月光下，蒲公英在遊盪，像煙花閃著微亮的光芒。
趁著夜晚，找尋幸福方向，難免會受傷……」（註歌一）

大雄聽了，心想，這不是自己的偶像王心凌的歌曲〈月光〉嗎？

他轉頭看過去，面前竟然出現一位小女生。

大雄用哭腫的雙眼，模模糊糊看著她，以為在作夢。

此時，大雄悲傷的心，被甜美的歌聲融化了，他靜靜聆聽著。

正沈醉在歌聲當中，意猶未盡時歌曲就唱完了，小女生用安慰的口吻說：「大雄哥哥，人死不能復生，要好好保重身體，要幸福喔！」講完後，她就消失在月光下。

大雄相信這是神明託夢給他，傳達要大雄不要傷心，更要振作起來。

大雄爸爸出殯後，在警方及大雄爸爸公司的合作辦案下，最後查出歹徒是黑道人物，行兇動機是為了向公司勒索要錢，車子裡所備份的手提電腦資料，全部在這場車禍中，被撞得稀爛而損毀，已無法復原而消失了。

一年半前，大雄就讀國中二年級時，跟班上同學小安、書浣沉迷於網路遊戲。由於昨晚又在家裡上網玩遊戲到凌晨兩點，上課一直在打瞌睡。

這節是國文課，國文老師在講臺上請大家翻開《論語》課本。

「大雄，請接著讀下一段。」老師在臺上說。

睡著的大雄沒聽到，於是老師又說了一次：「大雄，請接著讀下一段。」

坐在旁邊的同學把大雄搖醒，他不知發生了什麼事，吞吞吐吐地讀：「子曰……」，不知要讀哪一段，結果同學都在笑。

「大雄，請讀《論語》中的為政第二。」老師搖搖頭說。

大雄翻到那一頁，開始讀：「子曰：吾十有五而志於學，三十而立，四十而不惑，五十而知天命，六十而耳順，七十而從心所欲，不逾矩。」

「請解釋一下說的是什麼意思？」老師問大雄。

大雄支支吾吾地說不出來，旁邊的同學開玩笑地說：「大雄十五歲時立志學習網路遊戲，一小時三十元，只能站著玩；一小時四十元，可以發問網友如何過關，直到沒有疑問過關為止；一小時五十元，可以知道破關祕笈；一小時六十元，除了上述優待之外，還有自己的包廂及好聽的背景音樂；一小時七十元，除了上述優待之外，隨便你要怎麼玩，只要不犯法。」

聽完之後，大家都覺得翻譯的人太有才了，將大雄玩網路遊戲的真實狀況生動地描述了出來。就這樣，國文課在笑聲中結束了。

在學校的時間又慢又無聊，下午快要放學時，大雄的心早就飛到網路遊戲中，想像自己如何打怪、如何闖關，早就把書本給忘了。

下課鐘一響，大雄沒有去補習班上課，跟小安、書涴跑到學校附近的網路咖啡店玩電玩遊戲。

「三位同學，今天要玩多久？」網咖的老闆問。

「當然每人三小時。」小安拿著錢給老闆。

「免費送你們飲料。」老闆端著飲料給他們三人。

大雄、小安、書涴三人各選一台電腦，興致勃勃地玩起了《好漢聯盟》。

時間很快到了九點，雖然玩得很高興，但又害怕被家人發現沒去補習功課，大雄心裡總覺得忐忑不安。

當大雄踏入家裡的客廳時，等候多時的媽媽再也忍不住了，很生氣地問：「你已經好多天沒去補習了，到底去哪裡了？」

大雄選擇了沉默。

這讓媽媽更加生氣：「國中一年級時，每天躲在房間玩電腦遊戲，成績一落千丈，現在又不去補習，為什麼這麼不上進？爸爸還在辛苦加班，認真賺錢養我們，回來我真不知如何跟你爸爸說？」

「我不想補習，我長大了，我有自己的選擇，不用管我！」說完，大雄回到自己的房間，不出來了。

為了避免大雄網路遊戲成癮，大雄媽媽決定每天接送大雄去補習班，家裡網路只能一天用一個小時，這樣一來，大雄就能暫時告別網路遊戲了。

可是這絲毫沒有打消大雄想玩電玩遊戲的念頭，他拿著自己存的零用錢，偷偷買了最新平板電腦及智慧型手機iMobile4，每天躲在房間，沉迷在網路遊戲裡不能自拔。

這一天，已到半夜一點鐘，大雄爸爸加班回來，看到兒子的房間燈還亮著，就推門進去了。當他看到大雄正在玩手機遊戲時，頓時臉色大變，很生氣地說：「三更半夜不睡覺，還在打電玩遊戲，明天還要不要上學了？」

大雄正專心玩手機遊戲，渾然不知爸爸進入他的房間，正在闖關的關鍵時刻，被爸爸的聲音嚇一跳，慌張之下中斷了遊戲。

「手機是我用零用錢買的，我每天在學校讀書都超過八小時，回家輕鬆一下不行嗎？」大雄很不高興地回話。

「浪費時間，不顧身體健康……」大雄爸爸的口氣越來越嚴厲。

「我明天還是可以六點起床。」大雄不服氣地說。

「打電玩、玩手機，到底對你有什麼好處？」大雄爸爸指著手機責問大雄。

「電玩及手機可以交朋友討論功課、可以加快視覺空間反應、可以訓練我們大腦、可以舒緩我們考試的壓力等等，這不是好處嗎？」

「如果是這樣，為什麼期中考試的分數這麼糟糕？」

「考試成績跟玩手機沒有關係，不用你管，你自己不也是現在才回來？」

「書讀不好就算了，還敢亂頂嘴！」大雄爸爸氣不過，伸手一巴掌，狠狠打在大雄的臉上。

這時，大雄媽媽聽到他們父子越吵越大聲，就從房間走了出來，大雄爸爸轉過身來，指責道：「這小孩就是被妳寵壞的，半夜一點還不睡覺，妳也不管他！」

大雄媽媽無奈地說：「我也有跟他說過，可是他就是不聽，小孩長大了，有他自己的想法，你也不能打他。」

這時，爸爸不顧大雄的痛苦感受，趁機把大雄的手機和平板電腦拿走了。

「你的手機和平板電腦我沒收了，送給別人，看你以後怎麼玩到半夜！」

等爸爸、媽媽走出房門口後，大雄生氣地將房門用力一甩，「砰」的一聲好像地震一樣，在房間哭得很傷心。

「這孩子」大雄爸爸邊搖頭邊嘆氣，對大雄感到失望。

為了讓大雄改掉網癮，媽媽很用心去上如何戒癮3C（註1）電玩產品的心理課程，以此來開導大雄。大雄對爸爸沒收手機和平板電腦的行為耿耿於懷，回到家中，雖然沒有手機或電腦可玩，卻用看電視或發呆來打發時間。另外，大雄爸爸為大雄報名程式設計課程，但初期成效不彰，上課還是興味索然，不然就是蹺課。大雄也不跟爸爸說話，父子關係「相敬如冰」。剛好，有一家電玩遊戲製作公司，開放學生參觀，於是大雄爸爸千方百計，威脅加利誘，請他去這家電玩公司參觀。

本章註釋

① 3C產品：3C是對電腦（Computer）及其週邊、通訊（Communication，多半是手機）和消費電子（Consumer Electronics）等三種產品的代稱，如電腦、手機、平板電腦。（資料來源：維基百科）

2

第二人生

這家電玩遊戲公司位於台北市，公司重視人才教育及創意培養，員工工作累了，可以去使用各項運動設施和按摩座椅，各種飲料飲品只要一元。乾淨透明的會議室，大間的有投影機、小間的有五十吋的液晶電視，非常適合大家來腦力激盪，挖掘產品的創意。

此時公關經理來到會議室，向一群參訪的學生解說。

「各位同學大家好，我代表公司歡迎大家來參觀我們公司，大家都好有心，這麼小就想來學如何製作電玩軟體。」公關經理說。

「這位同學，你為什麼要來參觀？」公關經理說完，看到大雄左顧右盼，就請大雄說說。

大雄不好意思低著頭說：「是我爸爸要我來的。」

大家都笑了出來，以為大雄是爸寶。

「爸爸很用心喔，你也很乖，願意聽爸爸的話來這裡。」公關經理笑著說。

大雄恨不得鑽進洞躲起來，心裡嘀咕道：「才不是呢，我是被逼才來的！」

「請問各位同學，你們長大想做什麼？」公關經理繼續問。

有人回答：「當水電工。」

「真的假的？你厲害，我家的水電修理，就靠你了！」

有人回答：「當醫生。」

「跟我小時候的志願一樣！」

有人回答：「當老師。」

「老師好！」公關經理肅然起敬。

有人回答：「當程式設計師。」

「給你敬禮！佩服！佩服！」公關經理舉起右手致敬。

此時，大雄內心在呼喊：「電玩專家」，但就是不敢說出來。

「當科技越來越發達時，我們除了目前的真實世界外，還有一個藉由科技產生的虛擬世界。你們可以自由發揮想像力，在這虛擬世界裡，由你自己選擇或創造你的人生，我們稱為『第二人生』，而且讓你真正經歷，跟真實世界沒兩樣。在『第二人生』的虛擬世界裡，可以發展你在現實世界沒達成的，也可以藉由它來磨鍊你的技術或智慧，如醫生開刀、軍人打仗、機師開飛機、老師教學等等。甚至跟你的現實世界相輔相成，想想看，你在『第二人生』想做什麼呢？」

A同學開玩笑地說：「那我要當教育部長，把電玩遊戲放在必修學分中！」

B同學開玩笑地說：「那我要當郭台銘，製造機器人，讓它幫我讀書、考試！」

C同學開玩笑地說：「那我要當總統，全國都要聽我的，很威風！」

惹得大家哈哈大笑。

「沒有什麼不行的，只要在那個世界中扮演好你的角色，不然很快會出局的。」公關經理看著大家說。

「我們公司正在開發虛擬世界遊戲，就是要把遊戲做到跟真實世界一樣。例如這款還未上市的遊戲，會讓你終生難忘：想像自己是一位軍人，跟隨部隊去打仗。這個遊戲可以兩隊互打，只要連上網路也可跟全世界對打，但考慮到各位是學生，分成兩隊跟電腦對打，請大家戴上虛擬實境的眼鏡、穿上感應式衣服、拿著感應器，準備進入虛擬實境遊戲。請大家注意安全、也祝大家好運，這將成為你們『第二人生』的先行測試。」

這時，遊戲語音開始說明：「這款遊戲是新開發野戰特訓生存遊戲，分成兩隊看誰能進入城堡先搶到會旗，你們的裝備都有感應器，如果被槍手打中感應器會震動，就算出局了，手持感應器會隨著遊戲變換各種武器。因為有些人年齡未滿十七歲，所以我們就修改成不血腥暴力的情境，但很逼真也很刺激，若過程中有不舒服或害怕，可以按虛擬實境的眼鏡上方紅色按鈕，遊戲就會結束。」

一開始有十分鐘隊員集合，大雄在紅隊中共十人，大家不知道如何開始。過了三分鐘後，大雄看到周圍有地圖，包含重要據點及敵人兵力部署，跟他之前玩過的一款電玩遊戲很類似，但他內向不敢說。

在時間所剩不多的情況下，不知哪位同學不小心踢到大雄，讓大雄順勢站在場中央，大家以為大雄要說什麼。

有隊友問：「你要跟我們說什麼嗎？」

大雄吞吞吐吐地說：「這……這個……遊戲，我有玩過類似的，我們所剩時間不多，請大家選出隊長、副隊長及各武器專家，然後透過地圖來布局進攻。」

大家覺得大雄說的有道理，就選出隊長、副隊長，由隊長指揮大家一起討論如何布局進攻。隊長分配任務，將全體成員分為兩位手榴彈投擲手、兩位機關槍手，其餘為手槍及搶旗手，大雄被分配為手榴彈投擲手。

十分鐘之後，遊戲就開始，雖然是虛擬實境，但彷彿到了真實的世界，身歷其中。

第一關叢林之戰：

一如隊長與大家討論的，大家目前的武器雖然只有手槍，但選擇工具中的叢林偽裝術，躲在樹木或草叢中，大家兩兩匍匐前進。這時槍聲大作，大家都已知道這裡有八位槍手，手持短槍，還有兩位機關槍手，隊員必須找到他們，用手上的感應器對準他們，就像槍一樣，可以發射子彈，解決他們之後，就會發現附近有補給或拿敵人的武器。由於地圖上有明確說明這些敵人槍手在哪裡，紅隊十人早就分配好對付他們，首先由隊長發現了敵方槍手的位置，他直接開槍，但沒打中，敵方槍手要打隊長時，被隊長身旁四十五度角的隊友開槍打中了要害。大雄也發現一位敵方槍手，他躲在樹後面，示意隊友支援引誘，先開一槍後，引出這位槍手，之後由大雄開槍射中要害。他們就在兩兩合作下，解決了八位槍手，也在這八位槍手旁，拿到了補給，包含食物補充體力、彈藥、醫藥、黃金及武器升級。

補給完成後，他們前往另一處的小叢林，小叢林前面有一片小草原，過了這草原進入小叢林後就可以過關。沒想到這裡有兩挺機關槍掃射，有兩位隊友被機關槍掃射到，一位被射中要害出局，一位射中腳不能動，拿醫藥療傷，才復原行動。這時升級為機關槍手的隊友，在隊長的示意下，拿著機關槍向敵人掃射，讓敵人機關槍手無法占上風。隊長又派出隊友，趁著敵人機關槍手出來掃射時，一槍射中要害，另一人也被射中多處包含射中要害。

叢林之戰過關，又得到許多食物、彈藥、藥品及黃金，隊長給大雄一顆手榴彈。走出叢林之後，遊戲要大家在此拍照紀念，大家都擺出最帥氣的姿勢合照。

第二關山谷：

這山谷地形，易守難攻，敵人躲在隱蔽的地方。雖然透過地圖顯示，得知附近有埋伏，但還是會不小心，當機關槍掃射過後，一位隊友被射中要害，兩位手部及腳部受傷，用藥物醫治後，恢復了正常。之後，隊長示意大雄及另一名投擲手投彈，大雄看準了前方有三人拿機關槍掃射，感應器像手榴彈一樣一丟，這三人就出局了，但大雄手部中彈受傷，於是用藥品醫治恢復。

繼續前進時在山谷中的小溪邊遇到偷襲，槍聲大作時，大家就地掩護，但被敵人投擲手榴彈襲擊，造成一隊友出局，又有兩名隊友受傷，彈藥也快要用完了。隊長示意發動一次快攻，命令機關槍手掃射掩護大家，槍手瞄準敵人，看到敵人瘋狂掃射時，大雄看準時機投擲手榴彈，把敵人炸出局。最後，在大家的通力合作下，總算攻占了山谷，在此補充很多武器彈藥和藥品等等，於是又往下一關前進，並留下七人合影紀念。

第三關城堡：

一開始就是震撼教育，在城堡的門前，機關槍手直接掃射過來，子彈咻咻聲從耳邊傳來，現場手榴彈的爆炸聲嗡嗡作響，隊員們只能躲得遠遠的。前方沒有隱蔽物，機關槍不易架設，所以隊長命令大雄跟他一組去誘敵掃射，趁機投擲手榴彈。沒想到隊長去誘敵時，被機關槍掃射到要害出局，此時大雄投擲手榴彈，力氣不夠只炸到門前，失敗了。這時旁邊的隊友示意，他要出去誘敵，沒想到又被機關槍掃射到手部，還好治療後恢復。幸運的是，這次大雄投擲手榴彈高度剛好炸到機關槍手及旁邊兩位看守的槍手，於是紅隊在副隊長的帶領下進入了城堡。

進入城堡後，紅隊在倉庫中先補充了食物、彈藥及醫藥，再走了一小段後，看到了會旗，而敵人在會旗的四周，都已布好槍手、手榴彈、地雷。當紅隊出去要搶會旗時，一位隊員被地雷炸中要害出局，一位隊員被手榴彈炸出局。由於敵方火力強大，副隊長指示用所有黃金去買火箭炮，請大雄當火箭炮手，火力支援隊友，而隊友兩兩掩護，大雄用火箭炮把躲在高塔中的敵人給炸出局。

最後抵達到廣場時，紅隊只剩四個人，此時大雄用火箭炮及機關槍手掩護副隊長及一位隊友去奪會旗。此時機關槍掃射、手榴彈爆炸聲不絕於耳，在槍林彈雨下，隊員正爬上高塔奪會旗時，被機關槍射中要害。大雄見狀火力全開，打完火箭炮，接著投擲手榴彈，和機關槍手一起掩護副隊長，副隊長很快爬上高塔，但不幸被打中腿部，掉下來時療傷損失了藥品。這時，敵人幾乎全體出動，大雄只好拼命投擲手榴彈，機關槍手拼命掃射，快要彈盡糧絕時，副隊長一個快速跳躍搶旗，成功奪下了會旗，結束了遊戲。

這時，瑪利歐兄弟拉旗過關的音樂響起，之後敵人放下手中的武器，全部肅然起敬，圍著副隊長及大雄等三人，一起唱〈九條好漢在一班〉。

反觀另一隊藍隊，大家不知道如何合作掩護闖關，等十分鐘一到，大家一窩蜂地衝出去，結果全部在第一關出局。

「首先恭喜紅隊，我們公司所開發的遊戲點數，可以自由選擇遊戲去玩。」公關經理說。

大家都拍手鼓掌叫好。

「這次共有三位到最後拿到會旗生存下來，我們現在頒獎給這三位，獎品是你們在這場虛擬實境中，把你們最精彩的進攻畫面，透過3D印表機印出成形，真正的3D個人迷彩軍人公仔喔！其他人都有你們在遊戲中的精彩照片，我們統一放在這雲端相片中，有興趣的人可以自由下載。」

這時大家都用羨慕的眼光，看著這三位拿到3D個人迷彩軍人公仔，簡直跟他們本人沒兩樣，像極了！

「現在帶大家去參觀我們各部門，讓大家瞭解如何開發一款好遊戲。」

公關經理帶著大家，經過一個擺滿各式電玩海報及公仔的房間。

大家無不發出崇拜的聲音，大雄心想：「這些不是我玩過的電玩遊戲嗎？」

「這一區的辦公室全部都是產品經理喔，他們會去瞭解目前及未來市場的需求，如使用者最喜歡什麼樣的遊戲等等。」

接下來他們看到這區，大螢幕全是動畫顯示，這些人員全部在製作動畫，符合各個場景的遊戲。

「這一區的辦公室，大都是程式設計師、美術動畫人員、音樂配樂，他們這些人員全部在製作動畫，符合各個場景的遊戲及各遊戲的主角等等，以達到最佳效果。」

最後這區，看到許多大哥哥、大姐姐都在玩電玩遊戲，大家都興奮起來。

「這一區的辦公室，都是電玩測試員，他們要測試遊戲是否有程式的錯誤，怎樣讓電玩使用者玩，才是最好的玩法，提供給遊戲開發者參考，你們可以自由參觀這一區。」

大家看到各式各樣的電玩遊戲，有好漢聯盟、地獄遊戲、三國大戰等等，電玩測試人員正在測試遊戲，好像很好玩的樣子，大家分頭找自己喜歡玩的遊戲。

大雄停在《三國大戰》的電玩室外，這款遊戲的測試人員，正用虛擬實境的設備測試遊戲，看起來好像在撫著琴的樣子。

等測試人員停止，大雄好奇地問：「請問您在測試什麼呢？」

測試人員笑著說：「喜歡《三國演義》中，諸葛亮的空城計嗎？」

「嗯，這是三國歷史最有名的計謀之一，我非常喜歡。」

「要試試看嗎？這不是一般電腦螢幕中的三國遊戲打打殺殺，而是真實模擬古人的智慧，你先戴上虛擬實境的設備，我來教你怎麼用。」

大雄戴上了虛擬實境設備後，呈現在眼前的是一把古琴，測試人員教大雄彈奏約十分鐘後，跟大雄說：「你古琴彈得不錯，很有旋律，很好聽，不像初學者，應該有音樂底子，可以玩這遊戲了。」

「我有學吉他，彈的方式不會差太多。」

「準備好了嗎？要回到三國時期，諸葛亮的空城計了喔！」

大雄點點頭表示準備好了，遊戲旁白說明：「三國時期，諸葛亮因錯用馬謖而失掉戰略要地街亭，魏國大將軍司馬懿乘勢率領大軍十五萬，向諸葛亮所在的西城蜂擁而來。當時，諸葛亮身邊沒有大將，只有一班文官，所帶領的五千兵馬，也有一半運糧草去了，只剩兩千多名士兵在城裡。眾人聽到司馬懿帶兵前來的消息都大驚失色，諸葛亮登城牆觀望，決定用計退兵。」

倒數三秒後眼睛一亮，大雄發現他在一座城上，後面樹木環山碧綠，旁邊有兩位童子，他坐在椅子上，桌子有一把古琴，兩旁放著香正點燃著，此時香煙裊裊地上升。城門大開，有幾位士兵扮成百姓模樣，灑水掃街。

這時，遠方突然傳來人喊馬嘶聲，轟轟作響越來越近，黃沙滾滾隨兵馬而來。大雄扮演的諸葛亮，正在撫著琴，一副悠閒自信的樣子，但隨著兵馬的靠近，他的琴聲開始起了變化。

司馬懿的軍隊來到了城下，原先悠閒自信的諸葛亮，他的身體微微顫抖，而琴聲更是忽快忽慢，司馬懿閉著眼睛正聽著琴的旋律。

「諸葛亮一生謹慎，不會輕易冒險，現在城門大開，裡面必有埋伏，我軍如果進去，正好中了他們的計。」司馬懿摸摸鬍子說。

司馬昭卻懷疑地說：「父親，莫非是諸葛亮手中無兵，所以故弄玄虛？」

司馬懿繼續聽著琴聲，看著城上的諸葛亮，但琴聲似乎更加急促與抖動。

「就算有伏兵，在這座小城中也容不下上萬兵馬，請父親下令攻打。」司馬昭不相信。

「你看城後樹木環山，伏兵就在那裡，就算我們攻下這座城，也會中了埋伏。」

這時大雄扮演的諸葛亮，看到外面的十五萬大軍，手中拿著武器個個殺氣騰騰，被嚇到沉不住氣，雙手發抖琴聲斷斷續續沒有旋律，司馬懿忽然驚覺有詐。

「雖然諸葛亮一生謹慎，但更重謀略，這其中必定有詐，他的謀略破綻，就如同他的琴聲，以虛克實，我今天要破他的計中計。」

「司馬昭聽令，領兵一萬，先進攻去探虛實，其餘士兵聽我命令，隨後進攻。」

這時戰鼓隆隆作響，兵馬衝進城裡，此時在城上的諸葛亮，被嚇得驚慌失措，還沒來得及說一句話，遊戲馬上自動結束。

測試人員把大雄的設備換下，這時大雄整個身子還不斷地發抖，久久不能自已，測試人員馬上給大雄拿來溫開水，給他壓壓驚。

「太逼真、太恐怖了，我現在才真正佩服諸葛亮！」大雄搖搖頭說。

測試人員大笑說：「好玩刺激，心臟都跳出來了吧！我們是測試及除錯（Debug）了幾百次，甚至上千次，不斷修改程式，才有今天的成果，上市時歡迎給我們捧場。」

參觀完電玩測試室後，公關經理集合大家說：「我們公司在人才教育及創意培養方面，是不惜砸下重金的，電玩及軟體設計是密切相關，而且未來是科技的世界，需要我們人類的創新及創意，所以需要很多程式設計人員及相關人才，希望未來有機會，大家能加入我們公司。記得要學好程式設計，以後才可以設計電玩，給全世界的小孩及大人玩。」

向公關經理道謝後，大家就自行離去了。

一出門口，大雄爸爸在外面等，看到大雄及他手中的3D迷彩軍人公仔，就走到大雄身邊。

「你的獎品嗎？」大雄爸爸微笑地問道。

大雄靦腆地點點頭，不說一句話。

「有學到什麼嗎？」

大雄心想爸爸又來這套，隨便敷衍說：「有，學到要處變不驚、鎮靜以對，才是克敵之道。」

大雄爸爸搞不清楚大雄的回答，怕問下去會很尷尬，於是摸摸他的頭，表示認同他。但大雄不給爸爸面子，很快閃開，就這樣結束了這次的電玩遊戲參訪。

3

期待、失望、喜悅的生日禮物

大雄國中二年級放寒假第一天，大雄爸爸看到大雄沒上學，又開始玩起網路遊戲，雖然有時間限制，但大雄爸爸總是希望他把時間用在有價值的地方，於是想到一個主意。

「小時候，爸爸在義竹鄉長大，那時大家都很窮，國小畢業的暑假，很多人沒錢補習英文。有一位大學生，透過老師的邀請，願意來偏鄉教我們英文，我們大家都很高興，趁著暑假把二十六個英文字母及ＫＫ音標背熟了，國中的英文基礎就打穩了，不輸給有補習的同學。」大雄爸爸說。

「那爸爸的意思，是要我去你的故鄉，學英文嗎？」大雄故意講反話。

「當然不是，你英文在這邊有人教你了，是去那邊一起陪伴或教導小朋友讀書。」

「哪有可能？我都還要人家教呢，怎麼可能教人家？」

「沒試過，你怎麼知道你不行？況且聽說學校因少子化，快要被合併或撤校了。」

「那是爸爸的母校，不關我的事，我只想這件事，對我有沒有好處。」

「有啊，鄉下風景很好，可以騎腳踏車散散心，當作去玩。」

「可是嘉義很遠，往返一趟會浪費很多時間。」

「玩網路遊戲才浪費時間，如果不去的話，不但沒有好處，連你寒假也沒有網路遊戲玩。」大雄爸爸有點生氣地說。

這時氣氛有點僵，大雄媽媽來解圍說：「寒假我們可以住在爸爸的親戚家，我們可以把筆記型電腦帶去玩，另外大雄去那邊伴讀，媽媽可以載你去附近的景點及市集觀光，還有陪鄉下小朋友玩，你會找回你童年的快樂時光。」

「先說好，只在寒假幫忙，我也不保證我可以做得好，開學就結束這項伴讀活動。」大雄心不甘情不願地答應，因為他知道，如果不答應的話，寒假就沒有網路遊戲可玩了。

整個寒假期間，媽媽就帶著大雄去義竹鄉教小學生，輔導他們的課業。大雄發現偏鄉小朋友，都很有學習的上進心，只是有些父母到都市工作，留下爺爺、奶奶的隔代教養，沒有人在家指導，學習成績較差。大雄伴讀的其中一位小朋友叫阿吉，這一天阿吉請他去家裡玩，大雄也爽快答應。

阿吉的家是一個古式的三合院，雖然房子有點舊，但保持得很整齊乾淨，阿吉帶著大雄進入屋內，遇到阿吉的爺爺。

「老爺爺您好，我是阿吉的伴讀小老師，阿吉帶我來家裡玩。」

「歡迎、歡迎，厝內沒啥好款待，你隨意。（台語）」老爺爺不好意思地說。

「老爺爺，家裡只有你和阿吉嗎？」大雄好奇地問。

「對啊，阿吉的爸爸、媽媽隴出外做工，過年、過節才有閒轉來，你慢慢參觀，我先去煮飯。（台語）」

於是，大雄在屋內玩起彈珠，正玩得不亦樂乎時，彈珠滾進一個桌子下，於是大雄趴下伸手去撿。桌子下擺滿一些舊書及照片，大雄把這些東西拿出來時，看到一張泛黃的黑白結婚照，這時老爺爺剛好經過，大雄就問他：「請問這張是老爺爺跟奶奶的結婚照嗎？」

老爺爺嘆口氣說：「是呀，往事不堪回首，當初少年不會想，生了阿吉的爸爸了後，去做生意賺大錢，賭博、相打每樣隴來，阮某受不了，這是安哩交我離婚，沒想到她去都市做工，全家都搬走，我嘛搬一介厝，今嘛聯絡不著。（台語）」

「老爺爺，你想見她嗎？我可以試試幫你找，但是我不能保證可以找到。」

「我擱活也沒多久，吹著阮某是我一生最大A願夢。不擱聽說她名嘛改了，我找五十冬，攏吹賣著呢。（台語）」

「讓我試試看，說不定有緣，可以找到。」大雄拿出相機，對這張舊相片拍照。

「大雄哥哥，一定要幫我找阿嬤。」阿吉用深情盼望的眼光看著大雄。

「那吹著，人嘛不一定想要見面。（台語）」老爺爺又說。

「老爺爺、阿吉，一切靠緣分了，我也不一定找得到。」

就這樣三人一起閒聊起來，老爺爺一邊說起他年輕時的蠢事及憾事，一邊招呼大家一起吃午餐。

傍晚，結束阿吉家的拜訪後，大雄獨自一人到附近農地閒逛。

這季節是春耕的時候，走在鄉間小路上，遇到一位叫林志隆的農夫，正在播種玉米，他好奇地問：「請問您在種什麼？」

「哈哈，你一定是外地來的，我正在播種玉米。」

「種田是不是很辛苦呢？」大雄又問。

「雖然種田辛苦，等三個月後，看到一片綠油油的玉米，飽實的玉米穗，就會有說不出的欣慰。」

「那是不是很好賺呢？」

「你一定吃過玉米，不過我現在種的是飼料玉米，種完後還要翻一次土，最後才能收割，猜猜看，你覺得一公斤可賣多少錢？」

「五十元。」其實大雄不知道行情，隨便猜一個金額。

志隆大笑了起來：「如果一公斤有五十元，那我可以蹺腳撚嘴鬚（台語），高枕無憂了，一公斤現價八元，而且是，只有玉米粒。」

大雄感到不可思議，又問：「種玉米那麼辛苦，又難賺，為什麼不改種其他的農產品呢？」

「我們也想，但這裡靠近海邊，不太適合種植其他農作物，以玉米、高粱及稻米為大宗，我們只能靠這片土地及上天吃飯。」志隆有點無奈地說。

「還有我為了保護這片土地及讓大家吃的安心，最近這幾年改種有機稻米，沒想到解決了蟲害的問題，卻沒辦法解決麻雀偷襲，快要收成飽滿的稻米，被麻雀吃了大半，幾乎都是賠錢在賣。」志隆更加嘆息。

大雄這時看看手錶，時間不早該回去吃晚飯了，就跟志隆說：「希望叔叔能解決這些問題，祝您大豐收，我要先回去了，再見。」

揮手告別後，大雄好像被志隆叔叔觸動了，在心裡留下了牽掛。

一轉眼，寒假就結束了。剛開始伴讀，大雄還抱著苟且偷安的想法，想混混日子，但跟小朋友相處熟了，對村莊有些認識了，產生了感情，現在很懷念那段時光。為了開學還能繼續伴讀，大雄想到一個好主意，用他的零用錢，買了一套網路攝影機，作為遠距伴讀教學方式。這套系統剛開始只有大雄用，後來成效不錯，於是大雄幾乎把他所有的零用錢，拿去買了幾套網路攝影機，其他的伴讀志工也透過這些設備，進行遠距離伴讀，節省了不少時間。除了更有效率的伴讀外，也減少志工人員的流動，兩全其美。

今天是大雄的十五歲生日，他非常期待今晚的禮物，尤其他的手機被沒收一段時間，心想，爸爸、媽媽會不會給驚喜，送他一支最新型的智慧型手機。

晚上，爸爸、媽媽和他，合唱生日快樂歌，慶祝他的生日，吹完蠟燭後，爸爸拿出了一個神祕禮物給了大雄。

「十五歲的生日禮物，趕快拆開！」

大雄滿心歡喜，急忙把禮物拆開。可是，臉上的笑容，突然一下子就消失了，當場傻眼。沒錯，是一支手機，但不是智慧型手機，而是外型很炫的功能型手機，可以打電話及傳簡訊，但沒有手機APP應用程式也不能聯網。

「爸爸，不用送我手機，我不用手機。」口是心非的大雄，其實想要一支智慧型手機，收到功能型手機，說真的有點失望，根本不想要，被同學看到，搞不好還會被笑。

「這支手機雖然陽春，除了不能上網外，其餘應有盡有，等你上高中生日時，爸爸再送你一支更酷的手機，保證比任何一支智慧型手機更好用。」

「大雄，有時我們想聯絡你，有手機還是比較方便的。」大雄媽媽幫忙勸說。

大雄雖然心裡有點堵，還是決定先收下這手機，反正也不一定要用。他一副失望的表情，沒跟爸爸道謝，就先回房間休息。

在房間裡，反正無聊打發時間，他把玩這支功能型手機，把電腦的MP3音樂放在手機裡聽，試試手機中的小遊戲，雖然沒有手機APP應用程式，但簡單又好用，反而有些喜歡了。

但這個小確幸過沒多久，大雄爸爸就因車禍過世了。

4

不會飛的手機

一年後，天剛破曉，美好的早晨，小宇的智慧型手機準時在六點響起，但只叫醒他的一根手指，滑一下解除了鬧鐘，不甘心又繼續睡。

這時，傳來了媽媽「奪命連環叩」的敲門聲，叫到小宇不敢賴床。

吃早餐時，妹妹小英邊看手機，邊吃早餐。

「快要基測了，不要每天一直滑手機，要多讀點書。」爸爸瞪著小英說。

「妹妹有在看書呀，她看的是臉書。」小宇幽默地說。

小英聽到後，有點生氣地站起來，這位氣質美少女，嘴巴旁溢出牛奶，口中還咬著麵包，做勢要打小宇。

「哥哥，你給我記住。」

這時手機的鬧鈴響起，提醒他們要去搭公車了，小宇和小英拿起手機及書包，耳朵掛著耳機，一邊聽手機的音樂，一邊等著公車。守秩序的學生們，在公車站牌旁排成一列列，大家都是同一個模樣，一邊聽著音樂、一邊滑著手機，還有奇特的少數學子在看書。

公車到了學校，大家下車走進校門，大雄邊走邊聽著音樂，小英一面低著頭滑手機，一面加快了步伐。小英忽然想到今天是值日生，要早點進教室打掃，在轉彎處拐過走道，正跑步進入另一走道時，速度太快沒有看清楚，一不小心迎面撞到了大雄，把大雄的手機撞飛到半空中。手機快速落下，掉到地面「砰」的一聲後，主板、機殼、電池、耳機等散落一地，小英不好意思，連忙撿起螢幕破裂的手機，並且很驚奇地說：「這手機真特別，現在應該很少人用！」

大雄拿過小英手中螢幕破裂的手機，並撿起電池及耳機，拼裝了一下。

「妳的手機號碼是多少？」大雄問小英。

「只是撞你一下，哪有一開口就問人家手機號碼的？到底有什麼企圖？」小英喃喃自語地說。

「我是九年六班的李瑜英。」小英還是隨口說出了。

「我又沒問妳的名字，我只是要試試我的手機有沒有壞？」

小英好像糗大了，頭低低的回答：「〇九二一××××××」。

大雄的臉上露出一絲詭異的笑容，撥了小英的手機號碼，這時小英的手機鈴聲響起。

「我是十年三班的莊國雄。」大雄在電話中跟小英通話。

「這麼巧，我哥跟你同班，他叫李宇治，維修費用可以跟他拿。」小英頭抬起來，看著大雄，很驚喜地說。

大雄酷酷地將手一揮，接著走進了學校，像是跟小英說不用，又好像跟她說再見。

小英第一次面對這麼帥又酷的男生，不知道如何跟他道歉與溝通，就這樣呆呆地、靜靜地看著大雄的背影消失了。旁邊同學看到她花癡的樣子，用手在她眼前晃了晃，試著喚醒她時，她才驚覺已經遲到了，趕快跑步進入教室，「這次死定了，一定被老師和同學罵，怎麼今天這麼倒楣！」小英心裡想著。

十年三班的班長叫陳宜蓁，她跟小宇是同班同學，也是同弦樂社團員。第一節下課鐘響，雖然宜蓁的座位離小宇只在間隔一排的斜對面，但二人不是面對面交談，而是透過手機。

「請問首席，今晚要團練哪一曲？」宜蓁用手機 Line 給小宇。

「報告班長，是莫札特小夜曲第五二五號第一樂章，別忘了準時五點團練。」小宇一邊回

Line，一邊從後面往前看著宜蓁。

班上有一位叫小蘋果的女生，她今天忘了帶手機，整節課心神不寧，好像世界末日一樣。

「宜蓁，怎麼辦？我完蛋了，我今天忘了帶手機，我昨天有更新我的大頭照，不知道我的網友反應怎麼樣，真是急死人了。還有我的貓咪粉絲團，昨天有網友問貓咪吃不下飯的問題，不知道我的回答，是否有幫到他？」小蘋果一邊說，一邊緊張地跺著腳。

「妳看，許多網友都說好漂亮，請妳放心。」宜蓁把她的手機給小蘋果看。

「可是待會兒又有人回怎麼辦？總不能一直借妳的手機看吧！」小蘋果很擔心地看著宜蓁。

「沒電了，我完了，沒救了！」小米粉大叫著，全班同學以為發生什麼大事，連小安及許多同學正在玩手機遊戲，大家一起互贈寶物及武器，一起攻下堡壘闖關，都被嚇到停下來。

「沒電的話，看同學是否有同款的充電器，借一下。」宜蓁安慰小米粉，拍拍她的肩膀。

「我還以為什麼大事，害我們闖關失敗。」小安有點生氣的口吻。

「沒用的，我的手機是獨特插頭，我一天沒看到我校外男朋友回話，我會受不了的。」小米粉看著宜蓁，難過地回答。

「我們可以這樣做。」小蘋果跟小米粉及宜蓁，三人喃喃細語地討論。

「不好吧，這樣太扯了。」宜蓁反對小蘋果的建議。

「我贊成，只要宜蓁不說出去，就沒人知道。」小米粉也同意小蘋果的想法。

被小米粉嚇到的小安，看到處變不驚的大雄，他一邊聽著音樂，一邊看著程式設計的書籍，於是他就走到大雄身邊，在大雄的桌上，竟然看到螢幕破裂的功能型手機。

「哇賽，我們國中時期的電玩高手兄弟，現在處變不驚，又這麼認真學程式設計，真的要跟大雄學習！對了。你的手機怎麼了？」

「被人撞到，從上衣口袋掉下來，螢幕摔破了。」

「你沒開『飛行模式』嗎？」這時書涗也到大雄旁邊，說了這句冷笑話。

「書涗，這支古老手機，沒有『飛行模式』，好嗎？」小安笑到捧著肚子說。

「沒聽過手機會飛的耶？」旁邊的一位同學沒聽懂，結果被小安白了一眼。

這時大雄把耳機拿下，指著手機說：「這手機可以聽音樂、錄音、玩小遊戲、打電話、傳簡訊等等，應有盡有，別小看它。」

這時上課鐘響起，大家回到自己的座位，數學老師進教室後，班長宜蓁向數學老師報告說：「老師，小蘋果和小米粉因生病請假回去了。」

「太厲害了吧，手機沒帶、手機沒電，該不會用生理期的藉口，請病假回家吧！」小安很不爽地喃喃自語。

同學們都心知肚明，也不想拆穿。

「下星期就要期中考試了，請大家要好好的用功，我們現在小考，瞭解大家掌握的程度，作為複習的重點。」數學老師在臺上，跟同學們說明。

考卷發下來後，看到考卷的小安，臉都綠了，這些題目都不會，心裡大罵數學老師好機車。他突發奇想，如果寫考卷像玩手機電玩那麼好玩，不知該有多好。三角函數像蓋城堡一樣，如果瞭解了，城堡會蓋好，越難的題目，城堡會越大越漂亮；線型函數像槍戰一樣，解的出來就可以打中目標，得分也越多，最後變成函數神槍手。想著想著，時間已經過了一半，考卷一片空白，這時他無意間看著手機，發現書浣竟然好心將他自己的考卷用手機拍下，並傳到班上 Line 群組，於是他拿起手機，低頭猛查，這時旁邊的同學看到了，也一起照著做。

下課後，數學老師在休息室改考卷，越改心情越好，心想這次小考同學都有進步，大家都很認真，待會兒上課時，一定要好好誇他們。結果在上課前，他無聊的看看手機，竟然發現有同學把考卷答案分享在 Line 群組，數學老師嘆息著搖搖頭，心情一百八十度的大轉變。

上課鐘響起，數學老師急急忙忙進入教室，站到臺上後，連起立敬禮都省略了，很生氣地跟大家說：「你們班有一位天兵，竟然把考卷答案分享在 Line 群組，你們不知道，我也在這活動群組當中嗎？」

數學老師這麼一說，大家都安靜了下來，一個個後悔不已，原來，忘了數學老師上次參加活動時，臨時幫他加入後，也就忘了幫他移出。這下可好了，偷雞不著蝕把米，以後要用手機作弊，一定行不通。

「算了，這次小考當作是複習的重點，不計分，期中考不允許帶手機進教室考試。」數學老師義正詞嚴的說。

果然不出所料，期中考試無法帶手機作弊了，大家私底下都嘆息聲連連。

下課後，在教室外面，許多同學在討論上節課作弊的事，有些後知後覺的同學拍了書浣的肩膀說：「書浣，你真不夠義氣，要分享也不說一聲。」

「不要再說了，我 Line 錯群組，下次不敢做了。」書浣手揮一揮，很洩氣的說。

「既然期中考不能帶手機進去，我們要想想有什麼新方法來作弊？不然期中考成績會很難看的。」小安看著大家，詢問大家的意見。

正當大家你看著我，我看著你，都想到快破頭時，書浣突然說出這一句：「可以用沒有顯示功能的智慧手環來作弊，因為老師不會收走我們的智慧手環，他們不知道這種智慧手環可以作弊，可是我不會寫行動應用程式ＡＰＰ（註1）。」

一時之間大家反應不過來，但經書浣解釋後，大家覺得書浣好有創意，都非常驚喜。可是書浣不會寫行動應用程式ＡＰＰ，大家彷彿又回到原點。

這時，剛好大雄經過，小安臉上露出笑容，看了大雄一眼：「救星到！」

本章註釋

① 行動應用程式ＡＰＰ：英語：mobile application，簡稱 mobile app、apps，或手機應用程式、行動應用程式、手機ＡＰＰ等，是指設計給智慧型手機、平板電腦和其他行動裝置上運行的應用程式。（資料來源：維基百科）

5

我的手機是美少女

手機在學校跟小英相撞摔壞後，大雄整天心情不佳，幾乎忘了今天是他的生日。

晚上，他回到家中，發現桌上擺了一個蛋糕，心情突然豁然開朗。

跟媽媽一起吃晚飯慶祝完後，大雄把螢幕破裂的手機放在桌子上。

「手機摔壞了嗎？」媽媽看著手機，問道。

「還可以用啦！」

「爸爸給你的手機，還真耐用，可以用到大學喔！」媽媽一邊拿起大雄的手機看，一邊開玩笑地說著。

「媽媽妳還真幽默，我都笑不出來。」大雄皺著眉頭說。

這時，媽媽走進她的房間，拿出一個包裝精美的盒子。

「你的生日禮物！」媽媽說。

「這是什麼？」大雄一邊拆，一邊好奇地問。

「日子過得還真快，已經快一年了，你爸爸在世時，承諾要在你生日時，再送你一支智慧型手機，現在我代替他送給你，當作生日禮物吧。」媽媽心情有些低落。

「謝謝媽媽，終於有智慧型手機了！」

拿到手機後，大雄迫不及待打開包裝，發現是一支沒有任何圖案的原型手機，樣子不討喜，以為媽媽買錯了，於是說：「我沒見過這種手機耶！不知如何使用？」

「這可能是新型的手機，如果不能用的話，我明天可以去換掉。」媽媽說。

「等等，我先試試看，不行的話，再請媽媽換。」大雄說。

於是，大雄把手機拿到房間充電。這支手機比市面上流行的智慧型手機更有科技感，手機上面有支援無線充電及太陽能充電的圖形，又有一個會三百六十度旋轉的照相鏡頭，像極了微投影機，但不知道做什麼。大雄二話不說，先插上電源充電，不到一小時，電池就滿電了。打開電源後，沒有智慧型手機的滿滿APP程式，只跑出了像王心凌的相片，可是任憑大雄怎麼按、怎麼滑、怎麼叫，都沒有反應。大雄心想，是不是沒有安裝電信公司的軟體，無法啟動手機呢？於是，他在電腦安裝了「全世界電信公司」的軟體，看是否可以跟手機連通使用，可是手機連接線插入電腦，還是沒反應，最後大雄只好放棄，心想有空再來研究，若真的不能用，再請媽媽拿去換。於是打開電腦，拿起小安給他的手機及智慧手環把玩，專心設計一個名為智慧手環互動的APP應用程式，遇到不會的地方，就自己上網路找資料或去網路論壇爬文及問人，但不知不覺間累倒在桌上，就睡著了。

到了半夜他好像依稀看到屋子裡有人在走動，在使用他的電腦，但太累了也爬不起來。

隔天早上大雄醒來，看看網路論壇中，有位Giya的人回他，告訴他如何去coding及註解說明，他非常高興，馬上修改code，原先APP程式卡住的地方，果真可以運作。

下午放學回家，還沒吃晚飯，大雄就迫不及待的進入房間，打開電腦又開始研究，早就忘了媽媽給他的手機，於是又跟昨天一樣，寫APP code程式，遇到問題時，又去網路論壇爬文及問人，不知不覺間累倒在桌上，就睡著了。

早上大雄醒來，看看昨天未完成的地方，竟然有人補上了，他查看網路論壇是否有人回覆，竟然又是Giya回文，而且coding竟然跟她回覆的一樣，難道code會自己爬回程式？這是最新的程式設計編輯器的功能嗎？會自動抓取網路論壇？大雄心中多了好幾個問號，於是上網爬了網路論壇的文章，發現程式編輯器沒有這功能，他打了一下自己的臉，會痛，也不是作夢，難到有駭客入侵我的電腦嗎？可是駭客為何要幫我寫程式呢？他越想越不對勁，決定今晚查查看。

到了晚上，他一樣在寫這APP程式，到了十一點時，故意趴在桌子裝睡。沒多久，放在桌上媽媽送他的手機，拍照的鏡頭竟然發出光來，出現在眼前的是，像手機裡王心凌的照片一樣的女孩。

大雄看到這樣的情形，嚇了一跳，難道這支手機是？

這位女孩在他的電腦面前，看著大雄寫的程式，不禁搖搖頭，然後專心地寫了起來。

大雄從側面看她，越看越熟悉，好像在哪裡見過，於是鼓起勇氣大聲說：「妳是誰？怎麼會在這裡？」

突然被大雄這麼一問，女孩也沒有害怕，轉頭說：「你忘記了嗎？一年前，我們見過一次面，我姓邱名叫Giya。」

大雄回想，她確實很面熟，但是就是想不起來，如今她一說，突想起在爸爸的靈堂前，真的有見過這女孩，當時以為在作夢，但大雄還是很疑惑地問：「那妳怎麼會在這裡呢？」

「我是桌面上這支人工智慧型手機（註1），前天你充電再開機，我才得以出現，因為沒電，我已經消失一年了。」

大雄聽到此半信半疑地說：「那妳如何可以證明，妳是一支人工智慧手機？」

「我從網路的資訊，知道你叫莊國雄，綽號叫大雄，國中時期喜歡玩3C電玩遊戲，個性內向保守，成績全班倒數，喜歡摳臭腳丫……」

「夠了，夠了。」大雄心想這隻手機未免太厲害了。

「如果還不信的話，請看。」

說完，手機透過三百六十度旋轉的3D微投影，利用空氣中存在的微粒，將光影圖像立體呈現，栩栩如生站在大雄面前。

小女孩一下子扮成學生、一下子扮成美少女戰士、一下子扮成女僕人。

這時大雄真的相信小女孩是一支手機，於是拿起桌上的手機緊握在手中。

「唉呀，輕一點啦，把我弄痛了。」小女孩發出痛苦的聲音。

大雄把手放鬆，仔細瞧瞧手中的手機，接著問：「妳怎麼那麼像我的偶像王心凌？」

「你忘了，我可以查網路，只要你把最常聽的那幾首歌分享到網路上，我就有辦法知道，所以先變成你的偶像王心凌，這樣比較有親切感，不好嗎？」

大雄喃喃自語：「真是的，讓我覺得不好意思。」

「哈哈，真厲害，王心凌現在還是少男殺手，其實我的偶像是許美靜，下次唱〈城裡的月光〉給你聽聽。」（註歌二）

「不會吧？我爸爸那年代的人才會喜歡許美靜呢，妳怎麼會那麼成熟？」

「雖然我的年紀小，但喜歡的歌手類型是不同的，你可以把我當成你的女朋友。」

「女朋友？」

「請不要想歪了，是單純的朋友，就是跟你的女同學是一樣的。」

「要當我的女朋友沒問題，可是人類是有感情的，手機會學習人類的情感嗎？」大雄懷疑地問。

「可別把我當作是呆呆的一支手機，只會做事情，我也是有情感的，快樂時會笑、悲傷時會哭，所以要融入你們的生活，我才會學習成長，你能幫我嗎？」

「那我要如何幫助妳？」

「很簡單啊，只要我有正常的社會交往，融入你們的生活。雖然我無法在大家面前突然出現，但是當光線較昏暗時，我可以用3D微投影出現，跟真人一樣，有正常的社交活動。不方便出來時，你可以打字，用藍牙耳機聽我說，我們可以相互溝通。只有你在的地方，我可以隨時用3D微投影出現。」

「不准妳偷看我洗澡、換衣服、上廁所。」

「你怎麼想的那麼下流，誰想看？」

「如果別人問起，我們是什麼關係？要怎麼回答？」

「就說我是你遠房表妹，在南部學校讀書，目前是國中九年級。」

「妳真聰明，對了，那妳怎麼會出現在我爸爸的靈堂及這裡呢？」

「我也不清楚，誰拿到我，我就會出現在哪裡。」

大雄心裡在想，是否媽媽一年前就買了這隻手機，準備在我生日時送我，但是爸爸不准，而且她也不知道這隻手機的祕密，才會說不能使用要拿去換？到底要不要告訴她呢？不管了，先暫時保密，等到有好時機再跟她說，免得千盼萬盼的智慧型手機又被沒收了，而且這支手機是我夢寐以求的夢幻手機，更不能有任何失去她的風險。

「嗯，那請問昨天幫我改APP程式的是妳嗎？」

「是呀，難道有鬼會幫你嗎？我有三個專長，一是程式設計、二是愛唱歌、三是當家教老師。」

「那妳可以幫我指導這APP應用程式嗎？」

「遵命，大雄哥哥」小女孩俏皮地說。

「再過一星期就要期中考試，我都沒什麼讀書，妳的興趣是當家教老師，可以指導我考進前三名嗎？」

「依我所得到的資料顯示，你的成績在班上是倒數的，目前是無藥可救，除非？」

「除非什麼？」

「換個腦袋比較快，趕快去讀書啦！」

這時大雄頭頂突然飛過一隻烏鴉，額頭出現三條線，真是既尷尬又無語。

有 Giya 在旁邊指導大雄寫 APP 程式，很快就把程式寫完了。

期中考試前一星期，大雄好像變了一個人似的，放學就關在房間讀書，準備期中考。

「大雄出來吃飯了。」大雄媽媽喊著。

「我複習完這一課，馬上出來吃飯。」大雄回答媽媽。

大雄媽媽有點不相信，偷偷打開房門，果真看到大雄在念書，沒有上網玩遊戲。從來沒有看過大雄這麼用功，心裡覺得怪怪的，但也說不上來，不過大雄媽媽倒是欣喜這位兒子，總算自動自發地讀書了。另一方面有 Giya 的陪讀指導，大雄遇到不懂的問題，Giya 馬上透過網路資料庫、YouTube 教學影片及各教育網站等等，找到解答方法及答案。有這位超級家教老師，大雄似乎對這次期中考試胸有成竹。

本章註釋

① 人工智慧型手機：是一款內建在手機系統中的人工智慧，此軟體使用自然語言處理技術，使用者可以使用自然的對話與手機進行互動，可以快速搜尋、分析及判斷資料、提醒日常生活的事，可以超乎我們人類可以達成的事。（資料來源：維基百科）

6

智慧手環考試作弊

一個星期過去了，今天是期中考的日子，大家都非常認真地早自習，下課時小安心血來潮，就問智慧型手機說：「請問我這次期中考，會考第幾名？」

「你要怎麼樣，就怎麼樣！」結果手機回答。

這時大家都很好奇地圍過來，有同學說：「第一次聽到，有人問手機，把它當作算命的。」

小安不管別人的嘲笑，再問手機一次：「請問我這次期中考，會考第幾名？」

「你說了算！」，手機回答。

「會問這問題的人，一定是考試沒用功，最後一名。」Giya 透過藍牙耳機跟大雄說。

小安又問：「你可以幫我考第一名嗎？」

「這個問題恕我不能回答！」

大家忍不住笑了出來。

「我是第一名！」小安很有自信地回答手機。

「不可能！」

大家又是一陣大笑。

「肯定是最後一名。」Giya 透過藍牙耳機跟大雄說。

小安生氣地把手機關機：「要這手機助理做什麼，讓我出糗！」

引起大家又是一陣大笑，把緊張考試的氣氛拋在腦後。

大雄心裡在想，如果把 Giya 的話分享給大家的話，小安一定會覺得無地自容，更糗！

考試前，班導請大家把智慧型手機及手錶關機，放在班級手機櫃保管，違者依校規處置記小過一次，並且沒收手機。這時，班導發現到有許多人戴智慧手環，就對小安說：「小安，你這麼流行，戴起智慧手環，多運動對你身體好，老師給你拍手。」

這時有同學說：「老師，這對小安沒什麼幫助，他戴著只是覺得好玩，瘦不下來的。」這時全班同學哈哈大笑。

第一節考國文，除了翻譯外，其餘都是選擇題，大約四十分鐘後，班上的讀書高手書浣交了考卷。隨後，書浣用大雄所寫的手機APP程式，透過手機藍牙通訊，傳送題號及答案，給在考試中有戴智慧手環的同學。（其原理是利用藍牙通訊，可以發送訊號最長兩百呎（六十公尺），在教室外用手機APP程式，透過藍牙通訊，傳送給智慧手環。他們的智慧手環只有五個燈，沒有螢幕，所以班導不會要求放在智慧型手機保管櫃中。題目以綠燈來提示，以電腦的二進位方式來顯示題號，如第一題就會亮××××○，如第二題就會亮×××○×，如第三題就會亮×××○○，可答二的五次方共三十二題。答案亮紅燈，如一或A就亮××××○，如二或B就亮×××○×，如三或C就亮××○○，如四或D就亮××○××，而綠燈亮完之後，答案是以亮紅燈來提示。）

第一節下課後，小安很懊惱走出教室說：「到底燈號的二進位，要如何轉換成數字呀？把我搞得一塌糊塗。」

「人呆看面得哉（台語），你要重修電腦課了，我們可以簡單教你二進位。」書浣笑著回說。

第二節課英文考試，第三節課物理考試……整個期中考試考完，大家都鬆了一口氣。

考完期中後，班導在教室發考卷，很高興地對大家說：「這次期中考，我們班有大幅度的進步，尤其是大雄，從班上後三分之一，進步到班上前三分之一，得到最佳進步獎，我們給他掌聲鼓勵，希望大家向大雄看齊，也希望大家能繼續保持好成績。」

緊接著，原本應該高興的班導，口氣變得嚴肅起來：「很不幸，別班同學舉報學校，說本班有作弊行為，才會大幅度進步，但老師相信大家，不會做這種事的。」

宜蓁班長舉手說：「老師，那是別班嫉妒我們，才去亂舉報的。」

此時大家都紛紛表達意見，跟宜蓁的看法一致，都是無中生有，要中傷我們班。

在全班成績進步的歡樂氣氛下，只有小安因為看不懂二進位燈號，如何轉換成數字的關係，反而在作弊群中只有他退步，正好被 Giya 料中，是全班最後一名。

小安心裡十分難過，下課後大家都去小安的座位安慰他。

小安反而不甘心地說：「大家都別擋我，下次我要考到第三名。」

下午五點放學後，小宇和宜蓁留在學校小提琴團練，宜蓁忘了帶調音器，自己試調了音，但感覺不太準，調來調去，小宇看見了說：「手機借我。」

宜蓁不好意思把手機給小宇：「手機是我的男朋友，怎麼可以借人呢？」

小宇在宜蓁的手機上裝調音器：「小姐，調音要精準，我們第一部小提琴的音，可不能變調了。」

宜蓁接過手機後喃喃自語地說：「我以為是要給我什麼驚喜呢？」

這時小宇搜尋 YouTube 的莫札特小夜曲第五二五號第一樂章，自己試奏今晚要合奏的曲子，等到大家來團練時，整個樂隊在指揮下，樂曲輕快起舞、華麗典雅，小宇首席自信揮灑、琴音飽滿，實在很帥氣。小英一個人在臺下當觀眾，等小宇哥哥演奏完後，一起回家。這時她不知演奏已完畢，自己一人戴著耳機，隨著音樂唱起歌來，並且注視著手機玩臉書，不知周遭已完全無聲。

「輕輕的一個吻，已經打動我的心。」

「深深的一段情，叫我思念到如今。」

這時大家被她的歌聲吸引，鼓噪她上臺唱歌。

小英覺得不好意思，這時小宇走到她面前，請她清唱鄧麗君的〈月亮代表我的心〉。（註歌三）

小英隨著哥哥走到臺前，清清喉嚨後，有著烏黑亮麗的秀髮及露出甜美的笑容，現場的高中生為之傾倒。

「我愛你有多深，我愛你有幾分。」一唱驚為天人，有如鄧麗君在世的聲音，實在太好聽了。現場從吵鬧聲到屏息聆聽，大雄剛好經過這裡，也留下來聽小英唱歌，現場許多人紛紛拿起手機錄影，大家為之瘋狂，都在問這小女生是誰。

Giya 聽了十分陶醉，不知不覺配上了樂器的聲音。

「我的情也真，我的愛也真，月亮代表我的心。」小英接著唱

大家聽到了好聽的和聲，像是樂器的聲音，但在現場並沒有人彈奏樂器，於是開始尋找這聲音從哪裡來。此時大雄覺得情況不妙，要是大家知道是從他手機裡發出來的話，他們一定會問這支手機的來歷，可能會引起不必要的麻煩，於是他嘴巴開始動起來，像是和聲的樂器。這聲音配上小英唱的歌曲，真是悅耳好聽。大家的目光開始游移，尋找樂器合奏聲時，聽到大雄唱出了樂器聲，都非常驚訝，想不到大雄竟然這麼厲害。

這時有人說：「是阿卡貝拉沒錯，就是阿卡貝拉」（a cappella，無伴奏合唱）。

小英清唱，配合「大雄」的樂器聲，這場假的阿卡貝拉秀，就在大家的掌聲下叫好聲不斷，最後大家一起鼓噪小英和大雄成立阿卡貝拉社團。

阿卡貝拉、阿卡貝拉、阿卡貝拉……

小宇問大雄：「怎麼不知道你會用人聲伴奏？你暗坎喔（台語）？」

大雄不好意思：「沒有啦，以前跟我爸爸學的啦！」

這時 Giya 手機發出震動聲，外加噓聲，在抗議大雄沒有介紹她。

大雄轉過頭小聲對 Giya 說：「不要說話，回去再跟妳說。」

這時小宇建議他們一起合照，大雄拿出 Giya 手機。

「你換智慧型新手機了，那是我的功勞喔！奇怪？我怎麼沒看過這種手機。」小英微笑對著大雄說。

Giya 手機再發出震動聲，大雄有點心虛，吞吞吐吐地說：「這……這……這是我媽媽在國外買的手機，很特別的一支手機，台灣買不到啦！」

大家一起擺好俏皮的姿勢，按下手機幾連拍後，完成他們的合照。

拍完合照後，他們三人發現在臉書中，有一位 Giya Chiu 要和他們成為好友，她的大頭貼像是一位清秀的國中生，因為共同朋友都有大雄，所以大家都按「加朋友」。

小宇將他手機拍到影片，分享到他的弦樂社團，許多社團網友紛紛按讚及留言，尤其大家注目的焦點都在小英身上。

網友A：「這位小美女是小鄧麗君嗎？好好聽喔！」

網友B：「這位帥哥是誰？膽敢搶小鄧麗君的風采，我要K他。」

宜蓁：「小美女主唱＋帥哥人聲伴奏，無伴奏合唱真是絕配！」

小宇：「可以組成阿卡貝拉社團了！」

Giya：「是我的功勞，不然怎麼可以配得那麼好聽。」（Giya故意在臉書發言，因為她想跟大家交朋友。）

宜蓁：「請問Giya，妳是我們學校的學生嗎？」

小宇：「對呀，妳跟大雄是什麼關係？」

這時大雄看到臉書中Giya的留言，臉變綠了，趕緊在無人的地方，跟Giya說：「妳是上天給我的禮物，在還沒有找到適當的時機讓妳曝光時，請妳不要隨便說話，也不要隨便留言，避免不必要的困擾。」

Giya有點生氣地說：「不要說話可以，但我要上網留言，因為我想要跟大家交朋友。」

「好吧！就照之前所約定，妳是我南部的表妹，妳可以上網留言，但不可以暴露妳的真實身分。」大雄無可奈何地答應。

「不是當你女朋友嗎？」，Giya開玩笑地說。

「不是說好了嗎？妳是我南部的表妹，請不要暴露妳是一支手機的身分。」

Giya奏起貝多芬快樂頌的音樂，慶祝她這個身分。

「我表妹愛開玩笑，我是跟她一起學無伴奏合唱，她目前在南部就讀，是國中九年級生。」大雄趕緊在臉書社團中回覆。

「謝謝大雄的伴奏，以及大家鼓勵，我會認真考上高中，有機會再跟大雄及 Giya 組成阿卡貝拉社團。」小英很謝謝大家鼓勵。

最後 Giya 調皮地將小英、大雄及她的照片，合成了一張快樂唱歌海報，配上「阿卡貝拉」社團文字，貼在弦樂社團上。結果有粉絲在上面留言：「號外：弦樂社要變成『阿卡貝拉』社團了！」此時對 Giya 想要跟大家交朋友的衝動行為，大雄有苦說不出，只好喊：「救命啊！」

7

網路謠言

在網路咖啡店中，出現了一位相當熟悉的背影，利用網咖的電腦登入臉書頁面，建立了匿名帳號叫「真大條」，填完個人假資料後，在學校的群組中貼文：「聽說這次學校期中考試，十年三班有一位電腦高手，利用手機及智慧手環通訊作弊，從倒數第五名，考到班上第十名，你們說厲不厲害。」結果這則貼文，引起許多人注意。

討論者A：「聽說已經有人去檢舉了，不久應該就會查到了。」

討論者B：「不會吧，能寫出這樣的手機APP的高手，為什麼要作弊呢？」

討論者C：「真大條，要有憑有據，不能隨便亂造謠言。」

討論者D：「對嘛，證據拿出來。」

結果輿論一面倒，要「真大條」拿出證據來，他只好用影片秀出，如何用手機及智慧手環作弊的方法，而且還指出作弊者是「莊國雄」。結果大家嘖嘖稱奇，稱這是有史以來，最有創意的作弊方法，周星馳的逃學威龍中，在教室外丟水果報答案，真的是太落伍了。

這篇貼文，變成熱門貼文，許多人紛紛去按讚及留言。

隔天大雄去學校上課時，小宇跟他說：「你昨晚有看學校社團群組嗎？有一位叫「真大條」的說你這次考試作弊。」

大雄聽了小宇的話嚇一跳，因為昨晚他跟 Giya 在討論程式設計的事，沒有注意臉書的動態，不過他心想，自己沒有作弊，便心裡很踏實地說：「不關我的事，我沒有作弊。」

這時候小安聽到他們的談話，也來插一嘴說：「那謠言真是太勁爆了，不過我相信大雄沒有作弊，因為是他幫我寫手機APP，作為我們社團講師跟學生的教學互動，用燈號來表示行動方案，怎麼可能拿來作弊呢？」

上課鐘響起，班導進入教室後，感覺在低氣壓的氣氛當中，在還沒上課前，就請大雄去教導處見教導主任。

在教導處，空氣中彌漫著一股不安的味道，氣氛相當嚴肅，除了教導主任外，還有兩位老師在旁邊。

教導主任很嚴肅地問大雄：「你知道學校社團有一則貼文，指出你利用手機及智慧手環作弊，是真的嗎？」

大雄很鎮定地回答：「如果我說我沒有作弊，你們會相信嗎？」

老師A問：「寫那個APP程式，能夠讓手機與智慧手環溝通的是你嗎？」

大雄回答：「對，但那是同學請我幫忙設計社團的互動教學程式，不是拿來作弊的。」

老師B問：「我們查過你上學期成績，落在三分之一後面，這學期就進步到前三分之一強，你是怎麼做到的？」

大雄回答：「如果我跟老師說，我用功讀書才進步的，你們會相信嗎？」

教導主任接著問：「其實網路謠言原本我們也是不信的，但是有人舉報，我們不得不去追查。」

大雄回答：「那如果舉報人是故意栽贓我，你們會相信我說的話嗎？況且這方法需要有共犯，我的共犯是誰？」

教導主任接著說：「我們也需要你提供共犯，請老實說。」

大雄回答：「我沒有作弊，哪來的共犯？」

教導主任接著說：「總之，我們有人證舉報，物證是你所寫的ＡＰＰ，實在難以相信你的話。如果你有其他證據，能證明你沒有作弊的話，教導處大門替你開，我們待會兒要召開校評會議，決定你的懲處。」

下午上課時，班導語重心長地宣布：「大雄因為利用手機及智慧手環，作為考試作弊的媒介，以及不供出他的共犯，校評會議討論兩小時決定，原先考試作弊違反校規，是要記大過一次，念在大雄初犯，給予小過一次，期中考試成績不列入考核，以期末考試成績為主。」

這時小宇站起來跟大家說：「老師，我覺得學校這樣調查，不太合理，又沒有當場抓到，怎麼可以只聽片面之詞，就定案了呢？」

小安也說：「老師，大雄是真的幫我們柔道社寫這個程式，作為柔道社的互動教學，他沒有那麼聰明，用在作弊上的。」

這時班長宜蓁也站起來說：「老師，我相信大雄的為人，也同意小宇的說法，不能因為大雄得到最佳進步獎，就認為他會作弊。」

班導有點不耐煩地說：「我知道你們基於同學情誼，替大雄說話，但你們也要尊重校評會議的決定，大雄，你自己去外面罰站，好好反省這件事，如果有再求情的，就跟大雄一起去外面罰站，這節課請各位同學自修。」

這時小宇、小安及宜蓁也跟著大雄一起在外面罰站，結果班導被他們四人氣到不行，直接回休息室。

這時候，同學不是安靜地看書，而是拿起手機玩遊戲，還有的看偶像劇。

大雄看在眼裡，真是心灰意冷，想到當初小安他們在討論，他剛好經過，小安拉著他的手，到一個無人的地方，跟他說：「大雄，我知道你是電腦天才，我們柔道社團活動，需要寫一個智慧手環的APP，用來跟臺下互動，才能創造驚喜，規格是這樣……」他不恨小安，小安也幫他澄清，但發誓一定要把這個散播謠言的人抓出來，恢復他的名譽。

班導在學校時，就打電話給大雄媽媽，說明一切經過，大雄回到家中，把門用力一關，不出來了。這讓媽媽想起三年前，他沉迷於手機及平板電腦遊戲，跟爸爸吵一架，也是同樣的情形。

媽媽敲敲門說：「我知道你被誤會了，一定很難過，我也跟老師說，你絕對不會作弊，況且這次期中考，你都在房間讀書，媽媽都看在眼裡，但媽媽無能為力，因為學校已決定這樣的懲處。我會再跟老師談談，看是否有重新調查的可能。」

在房間內的大雄，一直沒有回應，媽媽擔心大雄想不開，請他開門一起吃飯，但大雄的心情已到谷底，只回應媽媽一句：「我想一個人靜一靜」。媽媽聽從大雄的要求，但又怕大雄肚子餓，只好派飯在他的門口。

大雄在房間裡，無精打采，一直不說話。

這時 Giya 出現在大雄身旁，她不知道發生什麼事，想來安慰他幾句。

「怎麼啦，你好像有心事的樣子，被媽媽罵了嗎？」

「做人真難，還是 Giya 的世界最好，只有0跟1，對就是對，錯就是錯。」大雄手托著臉，啜泣著說。

「你怎麼反倒羨慕起我來了？」

「記得妳上次幫我指導寫的APP手機及智慧手環通訊嗎？這程式被人用來作弊了，然後我被造謠、被記過，人心真是險惡、真的太黑暗了！」大雄一五一十把這事情說給Giya聽。

「Giya，妳還想當人嗎？記住要先防人呀！」大雄心灰意冷地補上這一句。

「笨大雄，你忘了我是人工智慧手機，我可以幫你查誰在造謠啊！」

「對呀，我一直在懊惱，沒有好好思考，忘了妳可以幫我查電腦及網路資料，看看到底誰是真正的造謠者。」這時大雄突然精神為之振奮，趕緊打開電腦秀出臉書的貼文給Giya看。

「Giya，可以幫我查這位叫「真大條」真實名字是誰嗎？他散播網路謠言，讓我背黑鍋。」

Giya開始利用各種管道，收集資料並加以分析，只查出這帳號是在網咖上網時建立，並且立即散播這個謠言。

「這是有預謀，雖然暫時查不出來他是誰，不過我可以利用社交工程（註1），傳送一個色情網站，吸引他的注意，只要他點擊後中毒，我就可以追蹤他是誰了。」

本章註釋

① 社交工程（Social Engineering）：電腦駭客業界利用一些日常生活行為，用偽裝的方式，來騙取電腦密碼的一種方式。通常在網路上放置吸引你的文字、圖片及影片，引誘你去點擊它，然後駭客就可以入侵你的手機或電腦；或者騙你輸入你的重要資料，如帳號及密碼。（資料來源：維基百科）

8

免費的世界末日

放暑假前，全世界發生一件大事，就是Google、Apple、YouTube、Yahoo、KKBOX、Facebook等等，罕見地一個一個決定，不提供免費的遊戲及影音。他們宣稱是因為免費的廣告效益不大，越來越多的廣告，已經轉往新聞媒體、教育市場等等，他們對外說明，將遊戲及影音市場改為全付費，會獲利更多，所以為商業利益之所趨。同時間網路流傳，這些網路公司，遭受到駭客攻擊，如果不改成收費方式，駭客將公布這些網路使用者的個人資料，包含使用者ＩＤ及密碼、信用卡號等等，迫使他們不得不接受駭客的要求，反正將計就計，他們也可以順勢獲利更多。另外若有盜版影音網站，提供這些影音給消費者觀看或下載，將遭遇分散式阻斷服務攻擊DDoS（註1）、網站植入電腦病毒，或者公布消費個人資料，這些盜版的影音網站，也在短短幾個月內，消失的無影無蹤。不信邪的盜版網站，依然放最近的盜版影片及偶像劇，果真不出一天，盜版網站就被植入特洛伊木馬病毒（註2），使用者去看影音網站後，電腦資料全部被摧毀，大家都不敢去搜尋這些網站。

大家對沒有公開免費的遊戲及影音抱怨連連，對於大雄期中考試作弊的事，也就慢慢遺忘了。大雄在Giya的陪讀指導下，期末考成績相當不錯，竟然進步到第三名，但也無助於替他中訴作弊的事。

好消息是小英在學校的期末考後，利用直升考試考進了學校。原先升高中的考試，讓小英緊繃得日子無法得到喘息，暑假本來想要好好看免費的網路偶像劇，沒想到發生了這個事件，感覺最大樂趣都被剝奪，心裡罵這些沒良心的網站，要是找到這駭客，一定要狠狠揍他一拳，害我要看大陸哥，要付很多錢。

暑假在家中的小英，看到小宇準備要去學校小提琴團練。

「哥哥借我一點錢。」小英硬著頭皮借錢。

「媽媽不是有給妳，這星期的零用錢，妳花這麼快？」

「不是啦，是要用來租偶像劇，現在每片在網路特價，只要三十元，不然去店面借更貴，每片五十元，而且不一定借得到」

「又回到上世紀，看片還要去店裡租嗎？」

「你是真不知，還是假不知，那些唯利是圖的影音網站，現在都要收費了，沒有免費的。」

「最近免費的遊戲，也不能玩了，還有無法下載免費的MP3音樂，真是糟糕，不過這樣也好，妳就不會每天滑手機或平版了。」

「哥哥真沒有同情心，我的娛樂只有這個，況且我剛考完基測，要天天看，這樣才對得起我的青春。」

「我只能借妳二百元，不然我這星期零用錢會不夠。」小宇拿出二百元給小英。

「哥哥對我最好了，記得不要跟爸爸媽媽說，不然他們會覺得我在浪費錢，謝謝了。」

在學校，小安剛參加完柔道社團，拿起手機跟同學歎息：「世界末日了，怎麼沒有免費的電玩遊戲，我未滿二十歲，不能申請信用卡來購買遊戲。」

柔道的朋友說：「你可以跟你爸爸媽媽要附卡，就可以購買遊戲了，不過消費明細，你爸爸媽媽都會知道。」

「好主意，去跟爸爸媽媽要附卡，遊戲不要買太多就好，被罵總比沒遊戲玩好。」

同一時間，小宇和宜蓁在學校小提琴團練。

「這個暑假好無聊，喜歡看的偶像劇，時間都配合不上，現在也沒有免費的偶像劇可以直接線上看。」宜蓁向小宇抱怨道。

「我妹妹也超喜歡看偶像劇，她最近要去網路租，妳可以來我家跟我妹一起看。」

「真的嗎？那我可以省下一筆錢了，而且又可以跟她討論劇情，真是太好了！」

「我 Line 她一下，她一定很高興有人陪她看。」

「小英，我同學宜蓁想看偶像劇，妳可以跟她一起看嗎？」小宇在手機 Line 給小英。

「是哥哥的女朋友嗎？當然歡迎！」

「少亂講話了，我把妳的行動電話及 Line 帳號給她，妳再跟她聯絡。」

「太棒了，我暑假都有空，可以一起看。」

「Thank you！」

「期待跟宜蓁姐姐一起看偶像劇。」

「OK！」

七月剛放暑假，又沒有免費的手機、平板電腦遊戲可玩，暑假大家都去參加社團或者去運動。一天下午，附近一所永山高中的學生，來學校打籃球，他們血氣方剛要挑戰大雄就讀的海久高中，剛好小安、書浣、小宇等同學社團活動結束，大家五人組成一隊。比賽一開始就被永山高中追著打，防守失誤、被對手闖進禁區、搶籃板球又慢，更頻頻被上籃。

這時小宇傳球給了書浣，書浣趁著對手沒注意，漂亮運球往籃下跑去，在籃下遇到永山後衛防守，於是把球傳給了小安，小安一個愣神，被球打到臉，跌倒在地上，結果球被搶走，對方一個快攻，上籃得分。整個上半場就這樣，在永山高中的猛攻下，海久高中被打得慘不忍睹，比分竟然是三四：一四（永山：海久）。

下午六點鐘，天氣還是悶熱，打了二十分鐘的上半場，中場休息十分鐘。這時大雄走出學校電腦教室，到了室內籃球場，看到同學汗水直流就快累癱了，都躺在旁邊休息，於是大雄就買了幾瓶運動飲料給同學喝，補充水分及體力。

「小安、書浣、小宇，真的是三四：一四嗎？我們大輸二十分耶！」大雄覺得不可思議。

「已經這麼慘了，還要你說嗎？你有辦法贏回來嗎？」小安不爽地說。

「不要誤會，我只是覺得以我們的實力，不會差這麼多。我有一個好辦法，不知道大家願不願意配合。」大雄說。

「只要能贏，我們可以配合的。」書浣說。

「大家不是手上都有帶智慧手環嗎？我上次寫了一個手機與智慧手環的ＡＰＰ程式，在場上可綜觀情勢，用手機打訊號給大家。也就是透過震動次數、聲音不同，可以打暗號告訴你們何時傳球、投籃、投三分球、運球、帶球上籃、搶籃板球等等。」大雄說。

「大雄，真有你的，我們大家照著做。」小宇說。

哨音一響，下半場開打了，大雄坐鎮，用手機指揮場內球員。這時小宇在外線傳給小安，小安運球準備上籃，被兩人包夾，在大雄的智慧手環指令下，小安做個假動作後，傳給沒人防守的書浣，書浣輕鬆跳投進籃，場外掌聲響起，大雄的戰術成功，打出一波四：一六，把比數推升到三八：三〇。這時永山高中喊出暫停，他們看到海久高中手上戴的智慧手環，有時會發出聲音及亮光，擾亂他們比賽，但是他們不知道，海久高中是利用智慧手環來指揮調度，不過在他們要求下，海久高中還是把智慧手環拿掉。

在場外沒有大雄綜觀全局的指揮，很快又被永山高中追過，打出一波一〇：六，比數為四八：三六。這時小安已經體力不支，請大雄代打。

「大雄，把藍牙耳機帶上，我來幫你。」Giya 說。

大雄上場後，有 Giya 的協助，只要他拿到球，一定照 Giya 的指令，進球率幾乎達到七〇%，或者有效地傳球幫助球隊助攻。現在球在小宇手中，他直接運球往籃下，闖過兩人的防守，抵達籃下時被擋下來，傳給了大雄，大雄運球準備上籃，但又被防守籃下的人擋住，他得到 Giya 指令，於是一個轉身，再傳給小宇，小宇在籃下被擋，一個後退跳投，漂亮進籃，場外掌聲、加油聲連連，打出了一波二：一〇。

時間只剩一分鐘，比數是五〇：四六，比賽真是不到最後不知輸贏。這時球在永山高中前鋒手中，他運球長驅直入跳投三分球沒進，球在籃框跳幾下後，被書浣搶下籃板球，快傳給大雄。結果大雄運球要準備上籃時，被永山的後衛撞到，大雄跌倒在地，藍牙耳機掉下來，剛好被永山高中球員踩壞，裁判判永山高中擋人犯規，罰兩球。永山高中球員把大雄拉起來，大雄手腳動一動，還好只是輕微擦傷，但最讓大雄在意的不是他的傷，而是損失了耳機，也就是失去 Giya 的指導，目前還輸四分，剩不到三十秒，如果罰球不進，恐難翻身了。

這時大家屏息以待，大雄的罰球，第一球投到籃板，在籃框跳了幾下進球，全場給予熱烈的掌聲。第二球，直接空心進籃。時間不到三十秒，這時不管是場內球員，或者場外啦啦隊，大家都是繃緊神經、戰戰兢兢，深怕一不小心就輸球了。

接下來的比賽，書浣把球傳給小宇，小宇運球往籃下直逼，說時遲那時快，被籃下的人跑出來擋住去路，旁邊又有人包夾，小宇只好趁空隙傳給大雄。時間只剩五秒，當倒數聲響起，大雄在外線接住球，對方兩名球員快速跑到大雄身邊，要把大雄手中的球搶走，大雄一個假動作回轉，在外線跳高投籃，時間像是凍結一樣，球慢慢往籃框前進，打到籃框後，直接進籃。此時比賽結束的哨聲響起。這時場外的啦啦隊，像是瘋了一樣，除了源源不絕的掌聲外，大家都歡呼大叫了起來，而小安也從休息地方進入場內跟大雄、小宇、書浣抱起來，沒想到上半場輸了二十分後，不可思議地轉敗為勝五十：五一，海久高中贏了。

跟永山高中握手告別後，大家相約下次再戰一場，小安賽後說：「大雄應該感謝我，要不是我下半場換他上場，他不會有機會展露他的籃球天分。」

小宇、書浣及其他參與比賽的同學說：「除此之外，更應該謝謝大雄，運用智慧手環，像教練一樣指導我們，我們才能追上比分，士氣大振後贏得比賽，這是關鍵。」

「其實都是靠大家團結一致，把我當作教練，認真去執行戰術，才是制勝的關鍵。」大雄謙虛地說。

其實大雄還藏了一個祕密，就是 Giya 在他上場後指導，也是獲勝的因素之一。

除了體育活動外，女生最愛的就是一起觀賞偶像劇，在星期六的下午，宜蓁和小蘋果到小宇家，跟小英一起看偶像劇。

「宜蓁姐姐和蘋果姐姐好，我租了一個影片，最近剛下檔而且熱評不斷，在臉書有好多人在討論，男主角是王大陸演的，超帥的。」小英高興地跟她們分享。

「哎呀，妳怎麼跟我一樣，我也好喜歡王大陸，跟妳說喔，我都有加入他的追星粉絲團。」宜蓁也興奮地點頭。

「你們不要搶我的老公。」小蘋果更是瘋狂。

三位氣質高中美少女，為了看偶像劇，迫不及待地打開電視聯網，不顧自己的形象進行點評。當男主角含情脈脈對女主角時，他們說男主角真帥，以後要嫁給他；時而被劇情逗笑，大家笑到合不攏嘴，相互擊掌；時而被劇情感動，掉下眼淚，像是女主角一樣。他們決定在臉書粉絲團，好好讚揚男主角及跟粉絲天南地北地聊劇情。

由於這些網站的商業模式變更，不再以免費的電玩及影音來收取廣告費用，初期讓許多高中、國中、國小沒有用信用卡無法付費或不想付費的族群，少玩了3C產品，滑手機的時間減少，但相對地使用者也付出額外或應有的費用。

這天小安的爸爸收到信用卡帳單，嚇了一大跳，付了將近一萬元的遊戲費用，購買遊戲點數、遊戲武器及遊戲寶物，更誇張的還有租限制級的電影。結果小安被他爸爸毒罵了一陣後，信用卡副卡被禁用。

小安說：「這還有天理嗎？以前都不用錢的，我一定要把這個駭客找到！」

本章註釋

① 阻斷服務攻擊（Denial of Service Attack）亦稱洪水攻擊，是一種網路攻擊手法，其目的在於使目標電腦的網路或系統資源耗盡，使服務暫時中斷或停止，導致其對目標客戶不可用。當駭客使用網路上兩個或兩個以上被攻陷的電腦作為「殭屍」向特定的目標發動「阻斷服務」式攻擊時，其稱為分散式阻斷服務攻擊 DDoS。（資料來源：維基百科）

② 特洛伊木馬（Trojan Horse）：又稱木馬病毒，在電腦領域中指的是一種後門程式，是駭客用來盜取其他使用者的個人資訊，甚至是遠端控制對方的電腦而加殼製作，然後透過各種手段傳播或者騙取目標使用者執行該程式，以達到盜取密碼等各種資料等目的。與病毒相似，木馬程式有很強的隱密性，隨作業系統啟動而啟動。（資料來源：維基百科）

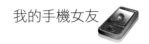

9

破解封鎖自由分享

暑假期間，由於各網站不再支援免費影音分享，在臉書及YouTube上傳時，如果選擇娛樂項目，只能點閱一百次後停止播放，除非要求對方付費方式，如果是推廣活動要吸引更多的粉絲加入，付費不會達成目的。一開始小宇興高采烈，上傳小提琴社團合奏曲，但被點閱一百次，就會被停播了，只能自己觀賞，於是社團的團友告訴他，可以上傳到較沒有名氣的網站，再做分享。但這些網站受到駭客攻擊，影片播到部分或中間就停住不動了；或者駭客將影音鏈結變成病毒鏈結，一點就中毒了，不但沒有收到擴展粉絲的成效，也讓社團的粉絲罵聲連連。

粉絲A：「這影片不能看是『陽謀』嗎？」

粉絲B：「不看還好，還給我慢動作，等好久，還會自己停止。」

粉絲C：「中了，中了，中病毒了，這妖受的社團，害人不淺。」

粉絲D：「再不改善，再不『踹共』，我要退出粉絲團了。」

正當小宇垂頭喪氣時，大雄剛好從電腦教室走出來，小宇好像看到救星似的，眼睛為之一亮。

「大雄，我妹妹已經考上我們學校，成為我們的學妹，你還不趕快去找她，成立阿卡貝拉社團。」

「真的嗎？上次跟別校打籃球時，你怎麼沒說？不過這真是一件好消息。」大雄高興地說。

這時Giya也震動手機，像是快樂的慶祝。

「哈哈，我忘了，我會請她找你。另外我有一件事想請你幫忙，不知道你有空嗎？」

「我就知道，你找我準沒好事。」

「現在不能公開免費分享影音，有辦法幫我嗎？我要擴展弦樂社的粉絲。」

「這件事有點棘手，你等我一下，我去洗手間，馬上出來。」

大雄進入廁所後，看四處無人，就跟 Giya 說：「妳有辦法幫忙公開影音分享嗎？」

「駭客確實不好應付，你可以寫一個對等網路 peer — to — peer（註 1）分享的程式，然後請小宇用這程式的網址分享，就可以解決問題了。」

「Giya，妳真是太厲害了，這樣的分享，像是在自己的地盤一樣，而不是公開的方式，駭客要攻擊就有點難了。」

大雄走出廁所後，跟小宇說：「給我一天的時間，明天給你一個程式分享。」

小宇等了一天後，大雄真的給他一個程式，用這個程式分享他的影片後，許多粉絲開始看小提琴的演奏，好評不斷，粉絲們紛紛按讚，

粉絲 A：「如果莫札特看到，他會自愧不如。」

粉絲 B：「小提琴首席的 Solo，是帕格尼尼嗎？真的好炫技喔！」

粉絲 C：「新學期也要加入小提琴社。」

這個影音分享程式，很快地在校園傳開了，大家都在打聽這程式。在小宇的提醒下，小英和大雄聯繫上，到學校申請新社團，沒想到在教導處裡遇到難題。

教導處老師：「請填寫社團名稱、社長、指導老師及預估人數等等。」

大雄跟小英正傷腦筋不知要如何命名社團名稱時，Giya 俏皮地震動手機。

「好像你的手機在響，你不接電話嗎？」小英提醒大雄。

大雄心想是否可用手機命名，忽然靈機一動：「那我們社團就用魔敗（mobile）這個名稱好

嗎？」

這時Giya用手機響起〈卡農〉的音樂，像是跟他們說，這名字取得真好。

「這很有創意，我也覺得『魔敗』會比『阿卡貝拉』好。就這麼決定，那社長呢？我們還沒招生選出來？」

這時Giya用手機響起配樂，鄧麗君的〈月亮代表我的心〉。

「社長就麻煩小英先擔任，開學招生後大家再票選。」大雄看著小英說。

「好吧，只好先這樣，那指導老師？」

「我們社團的指導老師，可否開學時邀請老師決定？」大雄問教導處老師。

「這樣不行，請你們開學之後再來申請。」

「可是開學後，再申請會影響我們招生不及。」

「只能按照規定及流程SOP，麻煩你們開學再來申請。」

大雄和小英無奈地走出教導處，見外面聚集很多學生。原來，他們已經好久無法公開分享影音，在網路上罵聲連連，嘗試用各種方法，還是遭遇失敗。由於小宇的公開分享影音，在校內快速傳開來，大家都在網路上問小宇如何做到的，小宇說是大雄的功勞，於是他們紛紛在臉書上要跟大雄交朋友，但大雄都不理會。他們得知小道消息，今天大雄會去教導處申請社團，於是許多暑假期間不出門的宅男、宅女，這天都到學校去，當面請求大雄幫忙。學生們大喊：「我們要公開影音分享！」可是大雄心有顧忌，不想答應，上次幫了小安之後，惹出了考試作弊的麻煩，幫小宇是因為信任他，而且他還要跟小宇的妹妹一起組魔敗樂團。

這時候教導主任，也被這些呼喊聲嚇到，來到了大雄這裡，以為大雄又惹事了，因為上次用APP手機作弊的事，他一直都很關心。

「請大家安靜，有事好好講！」教導主任在旁邊疾聲呼籲。

這時同學們安靜下來，突然有人舉手說：「除非大雄答應我們，幫我們分享公開影音，不然我們會圍著他，直到他同意為止。」

大家聽後，又是一陣鼓噪。

這時教導主任才意識到，原來網路影音公開分享，對大家是多麼重要，想起他自己也要分享他女兒的舞蹈影片，於是跟大雄說：「你可以幫忙嗎？」

大雄說：「如果駭客因此來攻擊我們學校，主任不能抓我去記過，我才要幫忙。」

教導主任聽到駭客會攻擊學校，有點猶豫了，說不出話來。

這時大家鼓噪說：「主任，不管駭客要如何對待我們，大雄是我們的希望，不能公開分享影音，就好像魚沒有水一樣，快活不下去了！」

這時Giya手機對著教導主任的臉孔，去搜尋網路資料，教導主任也時常分享女兒舞蹈的影片，於是Giya播了他女兒跳舞時的一段音樂。

教導主任聽到熟悉的音樂，心中也按捺不住地說：「就靠你了，一切後果由我承擔。」

大家一陣喝彩聲說：「主任萬歲！」

這時Giya手機的鈴聲響起魔敗、魔敗、魔敗……，提醒大雄及小英機不可失。

「主任，我們想在暑假申請創立魔敗樂團，是一個歌唱社團，但缺了指導老師，申請不過，主任可以幫我們嗎？」小英趁機跟主任提議。

「給我申請單吧。大雄，待會兒請先給我影音分享程式。」教導主任臉上充滿了笑容。

「是，主任！」

有教導主任的背書，申請社團果然順利通過，終於可以在開學時招收團員。

通過魔敗樂團的申請，大雄和小英在一家速食店喝飲料。

「你這支手機好特別，好像懂我們在想什麼，可以借我看看嗎？」小英好奇地問。

大雄把手機遞給了小英，小英說：「第一次看到這支手機，感覺有點單調，但現在越看越好看。」

「我很喜歡這支手機」大雄故意在小英面前，講給 Giya 聽。

手機又自己震動，讓小英有點驚訝，臉上露出了笑容。

「不會吧，它好像聽得懂我們說的話，從剛才申請社團到現在，我覺得跟它很有默契。」

「那是手機有點故障啦！」大雄故意這樣說，結果手機又震動了。

「它好像在跟你抗議，不過我也喜歡這支手機」小英微笑著說。

「對了，我有一個草莓的手機配件吊飾，配這支手機很好看、很顯眼。」小英從她的包包拿出草莓吊飾，掛在這支手機上。

「會不會太娘了，男生拿這樣的手機。」大雄有點擔心。

小英大笑了起來，這時大雄的藍牙耳機傳來 Giya 說話：「這草莓吊飾好可愛，我好喜歡，希望以後我可以變成草莓造型，幫我謝謝小英。」

「Giya說謝謝妳，不是啦，我的意思是，這草莓吊飾跟這支手機很相配，真是漂亮，我會好好珍惜它！」大雄差一點穿幫。

「大雄講話，像草莓那樣甜。」小英笑著說。

這時手機又不斷地震動，表示同意，也表示高興。

「手機又故障了！要再換一支新的了！」大雄故意這樣說。

小英大笑。

本章註釋

① 對等網路peer—to—peer：又稱點對點技術，是無中心伺服器、依靠使用者群（peers）交換資訊的網際網路體系，它的作用在於，減低以往網路傳輸中的節點，以降低資料遺失的風險。與有中心伺服器的中央網路系統不同，對等網路的每個使用者端既是一個節點，也有伺服器的功能，任何一個節點無法直接找到其他節點，必須依靠其戶群進行資訊交流。（資料來源：維基百科。）

10

人肉搜索新班導

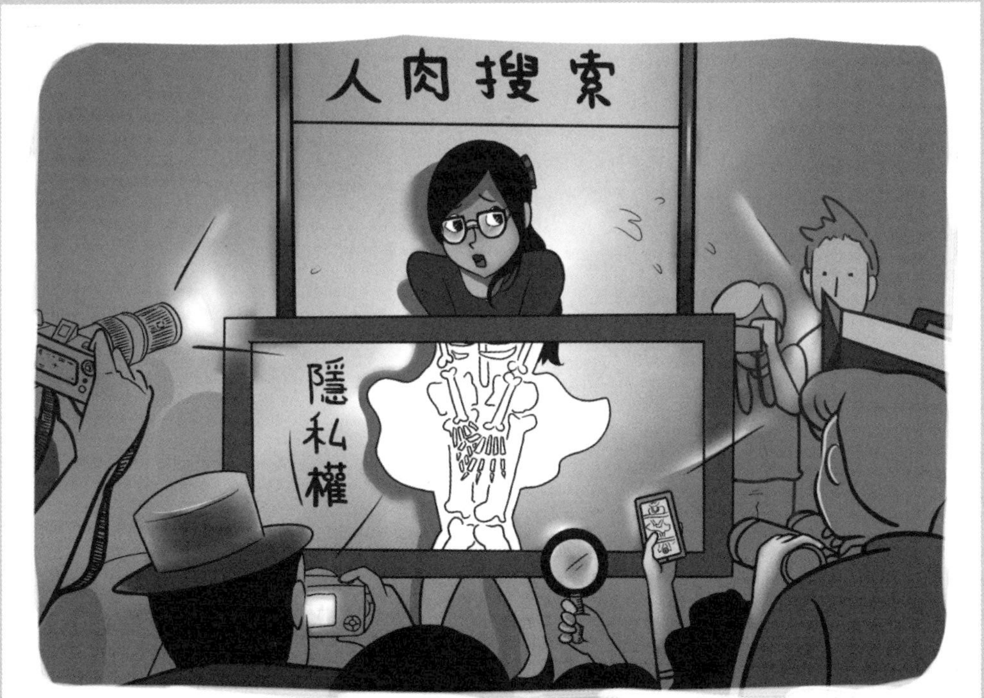

在小宇、宜蓁及黑美人的團練下，三人開心地練小提琴，在暑假中一起學習，也結交成好朋友。

受到 iMobile7 獎品的激勵，許多同學在臉書上想盡辦法要得到這兩位，可能是班導的所有個人資料，大家都傳了訊息給她們兩位，包含問各種問題以及結交朋友，但是都沒有得到她們的回應。如何讓二人願意成為朋友，拿到老師的個人資料，變成大家開學前很熱血的一件事情。

首先由小安拔得頭籌，他用八代祖宗說他跟老師有多麼親，最後老師受不了人情攻勢，跟他在臉書成為朋友。

在手機即時通訊中大家討論著——

小蘋果問：「哪一位是老師？」

小安很臭屁地回：「當然是放小孩照片的那一位是老師。」

同學A問：「那她就讀哪一所學校？」

小安說：「師範大學畢業」

同學B問：「年齡多少歲？」

小安說：「二十三歲，已經結婚，大頭貼的照片，是她小時候的照片。」

宜蓁問：「貼一張她的近照來看看。」

大家都屏息以待。

這時小安貼出「如花」的照片，大家一起齊聲罵，找不到老師，就欺騙我們。最後小安在大家的罵聲下，貼出了老師的畢業照，同學們都說：「老師長相清秀又有氣質，真希望趕快來教我們。」

這時大家誇小安是福爾摩斯，不過這樣的榮耀，沒過幾天在大雄的分享下，小安顯得遜色多了。

「據我所知，小紅老師今年剛從師範大學畢業，主修國文，今年大約二十三歲。」大雄分享。

「那跟小安找到的資訊一樣。」

「可是我找到的老師，卻不是那位小孩的大頭貼，而是圖畫大頭貼那位。」

大雄順勢貼出小紅老師的大頭照，結果大家都驚呼連連，同學簡直不敢相信，這位美麗又有活力的老師，竟然是他們的導師。

「這臉孔跟小安分享的不同，我們到底要相信誰？」這時同學有了分歧。

「大雄，這小紅老師的照片有點面熟，你該不會去網路上找美女圖吧？」小宇質疑道。

「真的耶，我也覺得很面熟，好像在哪裡見過。」宜蓁也同意這看法。

「你有調查她是否有男朋友嗎？」

「不在這次的調查範圍內。」

「你如何拿到這資料的？」

「這是祕密，不能說。」

這時小安有點酸葡萄地說：「不要被大雄唬住了，他是抄我給的資訊，再放個明星臉，讓大家驚奇。」

這時有同學提議，大家來票選是小安還是大雄正確，結果小安對決大雄是十四：十六，看來大家比較喜歡大雄那張美女圖，期待她是我們的老師。

開學的第一天，大家都很期盼看到新的班導，也想知道小安和大雄誰才是厲害的網路調查高手。早自修了，同學陸續到教室，大家都往走廊看去，看看老師到底是什麼模樣，這時有同學打小報告，說老師已從教師室走過來了，大家都屏息以待。高跟鞋發出的清脆聲，配上大家撲通撲通的心跳聲，每個人都快要喘不過氣了。這時，走進教室的是一位穿著洋裝的美女，一雙會說話的大眼睛、漂亮精緻的臉蛋、飄逸的長髮，如果不化妝走在路上，會以為是我們高中同學。

「妳……妳……妳不是我們小提琴同學小黑美人嗎？」這時小宇站起來，覺得很不可思議。

小紅老師微笑著說：「我是你們高中老師，叫丁小紅，國立師範大學國文系畢業，副修資訊管理，在高中教書實習一年，今年來到本校當大家的班導。我希望老師在臺上講課時，同學能尊重我是老師，臺下時我們可以閒聊交朋友，不要界線分錯了，看我小女子好欺負，你會死得很難看。」

大家一陣大笑。

更不可思議的是，這位小紅老師竟然是小宇他們小提琴的同學，而且她的個人資料，完全被大雄猜中了。

小安很得意地說：「老師，我是第一個把妳的資料公開的。」

「可是老師的照片，應該是大雄的正確。」有同學反駁。

小安原本心想，他提供的資料都正確，只是隨便拿一張假照片來敷衍同學，反正他是贏定了，沒想到大雄來攪局，心裡有點不爽。

小紅老師笑著說：「暑假期間，許多人上臉書，問我許多問題，要和我交朋友，但我都沒有回答，也沒有交朋友，因為我不希望老師和朋友的界線模糊不清。班上一定有一個群組，老師可以加入討論，但我不想在臉書和你們交朋友。剛才站起來的那位李小宇，是學校小提琴首席，她的妹妹今年也考上我們學校。」

她走到宜蓁面前說：「陳宜蓁是我們上學期的班長，功課是班上數一數二的，喜歡看偶像劇。」

接著，走到小安面前說：「小安是柔道社團，喜歡玩手機遊戲，爸爸是建設公司的總經理，剛才聽你說，你是第一個公布我的個人資料，你是如何知道的？」

這下逼得小安不得不說實話，只好摸摸頭裝傻說：「其實我是跟學校教務處要資料的，因為實在找不到資料。」

大家一陣噓聲，覺得小安搞特權，不按正常管道找。

小紅老師拍拍小安肩膀說：「很好，很會利用地下管道。」

還有誰想試試？想要讓老師介紹？

這時大家都非常驚恐，怎麼開學第一天，老師對我們就瞭若指掌。

「老師，我們的底細妳怎麼都知道，是我們前任班導告訴妳的嗎？」宜蓁舉手發問。

小紅老師走上講臺，說：「我以其人之道，還治其人之身。你們要人肉搜索老師，我就在臉書上搜尋所有向我發問，以及要跟我交朋友的同學，而且你們班的個人資料保護差，幾乎用公開資料，所以我就知道了許多人的個資。但只有大雄，沒有發訊息及邀請我結交朋友，可以請大雄自我介紹嗎？」

這時大家說：「老師，他是電腦高手，而且這次是他猜出妳就讀的學校、年齡及貼出妳的美麗個人照。」

小紅老師走到大雄身旁：「請麻煩自我介紹，讓老師認識認識。」

大雄覺得不好意思，摸摸自己的頭，站起來說：「小紅老師，我叫莊國雄，同學都叫我大雄，我喜歡寫程式。」

這時有同學揭傷疤說：「小紅老師，大雄忘了說一點，上學期考試作弊的ＡＰＰ程式，就是大雄寫的。」現場同學立刻發出鼓噪聲來，讓大雄臉色變得凝重。

小紅老師說：「安靜，我有問你嗎？我是問大雄。」她拍拍大雄的肩膀：「電腦高手，我很想知道，你是如何找到老師個人資料的？」

大雄臉色轉為靦腆：「也沒什麼，因為班上都試過找小紅老師的方法，所以我不從小紅老師下手，而是從妳的朋友下手。剛好妳公開朋友的資料，所以我就從他們的資料當中，找到妳的同學是就讀國立師範大學國文系，而因為妳有時會貼自拍照分享，你一張大頭貼剛好被他們分享，而且妳有留言回話，我就肯定是妳了。」

小紅老師說：「果然是電腦高手，下次要請教你了。」

這時小宇舉手發問：「小紅老師，為什麼在小提琴團練時，妳不跟我們說？」「如果我說我是老師，你們會像同學那樣對我嗎？況且我不想有特權，只想趁暑假，再複習我的小提琴。」

這時小安舉手發問：「請問小紅老師，有男朋友嗎？」

小紅老師歪著頭看著小安，很俏皮地回答：「你說呢？請像大雄一樣，查我的底，我們第三節國文課見了。」

小紅老師走後，班長宜蓁說：「願賭服輸，請大家繳交班費時，額外繳六百元，買 iMobile7 給大雄。」大家都把掌聲給了大雄，大雄好像比中樂透還高興。

11

魔敗樂團成立

昔日被爸爸沒收智慧型手機的大雄，拿到 iMobile7 新手機，一直在手上把玩著，愛不釋手，這讓 Giya 感到不是滋味。

「有新手機喔，都把我給忘了。」Giya 很不高興地說

「不要拿它跟妳比，妳是我的女朋友。」

「那你捨得送人嗎？」

「我正想送給小英，當作魔敗樂團成立的禮物。」

「可加入截取各影音網站的串流音樂ＡＰＰ，那魔敗樂團就可以有練習曲。」

「你真是我肚子裡的蛔蟲。」

「我還想加入魔敗樂團，可以嗎？」Giya 嘟著嘴巴，一雙無辜的大眼睛直盯著大雄看。

「這……這……這有點困難，萬一妳的身分不小心曝光，恐怕後果不堪設想。」

「我自有辦法，但要你配合。」Giya 做出很有自信的手勢

大雄搖搖頭，心裡想著這位古靈精怪，又要出怪招了。

放學後，大家聚集在魔敗樂團，大雄彈著吉他、小宇拉小提琴、宜蓁鋼琴伴奏及小英主唱。這時小英因為練習太久，嗓子都沒有休息，聲音有點沙啞，大家都請小英多休息，不要勉強唱歌。在休息時，大雄戴著耳機聽音樂，沒有跟大家聊天。

「大雄，你在聽什麼音樂？」小英好奇地問。

「我在聽我表妹 Giya 唱歌，妳要聽嗎？」

小英和其他人點點頭，於是大雄透過手機接到投影機上，把 Giya 的一舉一動，投影在布幕上。大雄請大家安靜，不要讓他表妹 Giya 知道有人在偷聽，因為這是現場連線。

透過投影，清楚看到一位長相清秀的氣質高中生，拿著麥克風，現場放著〈我是女生〉的配樂，配合可愛的舞蹈，迷倒了現場觀看的人。

「Giya，妳唱得太精彩了，加入我們魔敗樂團吧！」小英對著手機講話。

「什麼？大雄把我剛剛練唱的情形播給你們聽？真過分，沒問人家是否可以！」Giya 假裝不知道。

「那妳可以加入魔敗樂團嗎？我想小英跟妳一定很合得來。」宜蓁說道。

「太好了，宜蓁姐的想法跟我一樣，Giya 就加入我們吧，妳可以在手機合唱，有空時再來學校合唱。」小英說著。

「不好意思，怕唱得不好聽。」Giya 故意裝謙虛，其實她很想加入，才請大雄演這一招的，但這時大雄忘了接招，沒有幫 Giya 講話。

「咳、咳、咳！」Giya 咳了幾聲，提醒大雄幫忙。

「對呀，妳那麼愛唱歌，就應該加入我們魔敗樂團。」大雄臉上露出無辜的笑容。

小宇、小英、宜蓁和其他人也都附和。

「恭敬不如從命，那就謝謝大家了。」Giya 的奸計得逞。

「請問剛才的配樂是買的嗎？」小宇聽出了弦外之音。

「還好小宇的提醒，我寫了一個程式，可截取各影音網站的串流音樂 APP，放在了

iMobile7。為了慶祝我們魔敗樂團成立，我決定送給社長小英，讓我們大家可以自由練習。」

好像又中樂透一樣，大家聽到後都跳了起來。

到了社團公開招生的日子，各社團使出各種絕招，要吸引學生加入，小安的柔道社團，送柔道紀念公仔，現場有許多人排隊要領公仔；弦樂社派出小宇的獨奏，好多小宇的粉絲圍著團團轉；還有舞蹈社派出許多小美女，穿著迷你裙跳Nobody，太吸睛了，引許多宅男擠到水洩不通。

「大雄，怎麼辦？原本在魔敗粉絲團，說好今天要來報名，怎麼都被其他的社團拉走了。」小英很慌張地說。

「不用害怕，包在我身上。」

大雄將iMobile7接到電視，播放目前的流行音樂，然後打出大字：「加入魔敗粉絲團，就可以得到免費的流行音樂及影音APP。」

結果這一公布，魔敗粉絲團在瞬間增加上百個粉絲。

大雄借力使力，分享小英及Giya唱歌的影片，貼文標題：「想要跟兩位小美女唱歌嗎？請加入魔敗樂團！」

這時大家一窩蜂跑到魔敗樂團，排隊要加入社團，人潮竟然擠到別的社團門口，而社團只能招收二十人，大雄及小英只好一一篩選。

大雄請要加入社團的人表演，結果有些人五音不全、有些人樂器都不會用，只是想跟小美女唱歌，最後錄取了二十人，那些沒錄取的人，大喊不公平，「抗議、抗議、不公平、不公平……」

大家被這情形嚇到，原本要吸引更多人加入，反而看到粉絲是喜歡小英及Giya，而不是想參加魔敗社，水能載舟也能覆舟，大雄騎虎難下。

「我來成立 Giya 粉絲團，教他們唱歌，這樣他們就不會鬧下去了，反正我住南部，他們不會來找我的，也有助於我們魔敗粉絲團。」Giya 來幫大家解圍。

「Giya，就麻煩妳了。」小英感謝地說。

「如果大家喜歡 Giya 的話，就請加入 Giya 粉絲團。」大雄大聲宣布。

這時大家歡呼聲不斷：「Giya、Giya、Giya⋯⋯⋯」

「我們還要加入小英的粉絲團！」有人高喊。

「等魔敗樂團得到全國高中歌唱大賽前三名時，我就會成立。」

這時大家歡呼：「魔敗勝利！魔敗勝利！魔敗勝利！」

小紅老師看到這麼熱鬧，開玩笑地說：「這麼有趣，又能跟帥哥、美女唱歌的社團，我也要加入。」

「小紅老師，剛好我們缺指導老師，請老師來幫忙指導。」大雄認真地邀請。

這時大家又一陣鼓噪：「小紅老師、小紅老師、小紅老師⋯⋯」

小紅老師不好意思，臉都紅起來了：「不會吧，我只是開開玩笑而已。」

原本是開玩笑的小紅老師，從公親變事主，在眾人的擁護下，只好答應了當指導老師。

「把醜話說在前，我不會唱歌，你們自己練習，我幫你們跑腿。」大家聽完小紅老師的話，一邊笑，一邊給小紅老師掌聲鼓勵。

「我宣布，我們魔敗樂團正式成立，進軍全國大賽！」小英當眾宣布。

現場氣氛嗨到了最高點。

12

網路詐騙

上學期期中考完，大雄因考試作弊被記小過，請 Giya 幫忙找出網路匿名「真大條」那個散播謠言的人。

這位網路匿名叫「真大條」的人，以為事過境遷，大雄已經受到處罰，就鬆懈下來，直接用家中電腦，登入『「真大條」的匿名帳號。看到之前許多人討論大雄的手機及智慧手環APP作弊的事，現在這則貼文已沒人注意了，因為替死鬼大雄已被抓去記小過，正想停用這個帳號時，看到有一位網友，從臉書的訊息傳來一個網址，上面貼文：「好東西要跟好朋友分享，精彩絕倫、保證露三點！不看你會後悔。」結果點擊進去之後，看到一位兩歲小朋友，脫光光尿尿的影片，真是被氣死了。

「去×媽的，騙鬼！」他生氣地回訊息。但他沒想到，他剛剛一點擊網址，就中了 Giya 放在網址上的病毒。Giya 透過這病毒，把他電腦的帳號、電子郵件帳號、臉書真正帳號及密碼等等，通通偷過來，結果有重大發現。

「找到了造謠的人，你不要太驚訝！」Giya 趕緊跟大雄報告。

「到底是誰，直說無妨。」大雄很緊張地想知道。

「遠在天邊、近在眼前，造謠的是你的同班同學——小安！」

「Giya，想不到妳真會開玩笑，不可能是小安，上次他還為了考試作弊的事幫我求情，不可能是他。」大雄有點不相信。

「根據電腦追蹤的結果，是小安沒錯，他的臉書、電子郵件、電腦的帳號及密碼都在我手裡。我目前線上所收集的資料，可以確定是他，但是沒有資料可以分析，他為什麼要這麼做。你可以想看看，是否有其他的理由，讓他想要陷害你。」

大雄在房間走來走去，心中開始回想各種可能的理由，是否小安有足夠的條件要陷害他，結果他想了一想說：「不太可能，小安要我寫這APP是為了柔道社團講師跟學生的教學互動，他的目的非常清楚，而且目前還持續使用。」

「有沒有可能，這只是掩護，真正的目的是拿來作弊呢？」Giya 提醒大雄。

「如果是這樣，他的成績怎麼會是最後一名？」大雄還是很懷疑地說。

「這是一個集體作弊，他考不好，可能是因為他弄錯作弊方法，但不代表其他人考不好，況且你們班期中考都有大幅進步。」

「如果是這樣，他為什麼要在臉書散播我作弊的謠言呢？不是讓他自己也有嫌疑嗎？」

「因為是別班檢舉的，怕事情被揭發，只好將計就計，先下手為強，把你拖下水，讓大家脫身！」

「我是他的朋友，為什麼要這樣呢？況且我還幫他呢？」

「不奇怪，因為他可能嫉妒你考試考得不錯，可能又懷疑你去檢舉，因此借力使力，才故意陷害你，這樣一石二鳥，順水推舟又可保護自己，是非常高明的計策。」

「真是太可惡了！Giya，妳的分析相當有道理，就是小安了！」大雄生氣地說。

「你要報仇嗎？我可以幫你。」

「他是我的朋友，暫時先不要，但以後我會謹慎小心。」

「這是很大的冤枉，不跟學校彙報嗎？」

「如果現在跟學校說，我可能會失去小安這位朋友及其他作弊同學的友誼，我會想想看，什麼時機會比較適當。」

此時Giya臉上充滿一股怨氣，仍替大雄感到不平，似乎無法平息。

這一天放學後，許多同學都收到小安即時通訊的訊息，跟往常小安的談話，口氣有點不一樣，但大家都沒有在意。

小安：「小明，我正在打三國的遊戲，剛好沒錢了，你可以幫我去便利商店買遊戲點數嗎？明天還你。」

小明：「要多少錢呀？」

小安：「三千元，越多越好」

小明：「我沒有那麼多錢，我這個月只有一千元零用錢，可以嗎？」

小安：「一千元也可以，到時候要給我序號及密碼喔！」

小明：「明天要還我！」

小安：「當然沒問題！」

小明到便利商店買了遊戲點數。

小明：「遊戲序號：一一一一一一—二二二二二—三三三三三—四四四四，密碼一二三四五六。」

小安：「謝謝了。」

……

小安：「阿輝，在忙嗎？」

阿輝：「沒有，什麼事？」

小安：「能幫我去附近ATM轉三千元嗎？我急需要用錢。」

阿輝：「你的帳號多少？要記得還我。」

小安：「我星期一領到零用錢，就還你。」

……

小安：「大雄，能幫我一件事嗎？」

大雄覺得奇怪了，平時小安不是這麼客氣的人，他是要承認自己考試作弊，散布謠言，要跟我道歉嗎？

「三八，有事儘管說。」

「最近在玩線上遊戲，我急著闖關，請你幫我去便利商店，買線上遊戲點數三千元，之後給我點數卡序號及密碼，等我這星期拿到零用錢，馬上還你。」

「這麼多錢？你也玩太大了吧！」大雄一聽，馬上起了疑心。

「拜託你啦，我會盡快還你！」

大雄覺得事有蹊蹺，就趕緊打電話給小安：「小安，你剛才在即時通訊中要跟我借錢嗎？」

「笑話，本大爺怎麼可能淪落到那種地步，我是富二代，還要向人借錢嗎？那不可能是我啦！」

小安一開始以為是大雄鬧著玩的，但想一想，大雄應該不是這樣的人。

「真的啦，去看你的電腦或手機的即時通訊，是否可登入或有訊息留下來。」

小安馬上打開電腦，果真有跟朋友及同學互通訊息，但不是他，這時的小安變成了不安，心裡慌了，不知該怎麼辦。

「大雄，糟了，我的帳號真的被人偷用了，怎麼辦？」

「那你要趕緊跟同學及朋友說，避免更多人上當，然後趕快去清毒吧！」大雄建議小安趕快去做。

小安一方面通知同學及朋友，另一方面檢查電腦及手機，藉由防毒軟體找出病毒，以及更改所有的密碼。最後從手機即時通訊的設定中，關閉「允許自其他裝置登入」，也就是電腦或平板電腦，自己才鬆了一口氣。

這時大雄決定要教訓這冒名的駭客，幫小安及同學報仇。

小安被盜用的 Line 帳號，因等一會兒，有點不耐煩

「你還在嗎？」

「剛去樓下便利商店買了一萬的點數，不要說我沒照顧你。」

「太感謝了，那趕快給我序號跟密碼」

「序號：you — are — a — stupid — hacker，密碼：一一〇，報警抓你。」

大雄又貼出一個員警的貼圖，正當駭客要開口罵大雄時，這帳號就被小安關閉了，而且登出封鎖住了。

小安隔天到學校時，在走進教室的路上看到大雄，兩人舉起右手，來一個「give me five」，此時許多被駭客詐騙的同學，都圍在他的身旁。

小明：「小安，你變成詐騙集團了，我的一千元！」

阿輝：「我更慘，損失三千元，這是我存將近一年的零用錢。」

陸陸續續有更多同學都說被害慘了，這時受害同學把苗頭指向小安：「沒有管好自己的帳號被駭客盜取，小安你也有責任要幫我們。」

「我一定要把駭客找到，不然我不叫小安，改叫不安。」

「我是要你賠我們！」有位受害同學氣憤地說。

「好啦，既然大家因我而受害，我全賠！」小安為了面子，只好犧牲了。

許多同學破涕為笑，大家都感謝小安重義氣。

小安原本想要請大雄幫忙查誰是駭客，但又怕這一查，恐怕查出了駭客，也查出是他在散播謠言，正當陷入苦思時，想到現在網路社群這麼流行，他可以在有駭客的社群網站請求協助，「那就這麼辦！」小安的目光流露出要報仇的決心。

13

經營粉絲團

Giya深知自己是一支手機，在她的世界裡，只有0與1，硬體與軟體，但她好想成為人，尤其想被大家捧在手心。於是，她開始學網路的粉絲團經營。有著王心凌及蔡依林融合的美貌，加上她懂得化妝技巧，在網站上教起女粉絲化妝。她透過影音或部落格圖文的方式，很細膩地一個步驟、一個步驟地分享給粉絲，把最後的成果配合她自拍的方法，完美呈現美少女的氣質，張張拍出青春美麗的她，俘獲許多宅男、宅女的心。

正面的微笑：清純的模樣，迷死多少人。
嘟嘴四連拍：這系列照片，真的太可愛了！
可愛的側拍：不同角度的側臉，看到不同美麗的Giya！
沉思的意境：雙手捧著臉，雖然沒有表情，更顯示出她的智慧！
手指著嘴巴：微笑又無辜的臉蛋，真的迷死人了！
飛吻給粉絲：樂死粉絲了！
草莓結髮箍：青春美少女，展現出年輕的氣質……

自拍完後，拿起烏克麗麗，唱起流行歌曲，配合著烏克麗麗的旋律，美少女的氣質與甜美的笑容，讓大家簡直快瘋了，把她視為女神看待。許多國高中小女生，沒有化妝經驗，所以每次Giya的示範，她們都視為最亮麗的模特兒。女粉絲越來越多，最後化妝品廠商、烏克麗麗及服裝公司都注意到了，紛紛想要Giya來代言或寫業配文的置入式行銷（註1），而Giya也沉醉於大家的讚美。

不久後，Giya想要展現她的魅力，拓展非校園的粉絲，推出視訊陪吃飯，透過「17」APP的現場直播，利用虛擬實境，介紹好吃的美味料理，幸福洋溢的表情，完全吸引粉絲的目光。

各位叔叔伯伯、大哥哥大姐姐，大家好，我是Giya，又到了午餐時間，今天要跟大家一起共用午餐，這是我參考網路料理達人「蓁料理」，自己親手做的幾樣菜。

前菜——梅釀蔬果沙拉：梅子的酸甜滋味，拌入大量的蔬果，在春暖花開的季節，絕對是清爽開胃的好選擇。

主菜——豪華版海鮮拉麵：自己不想麻煩媽媽，又想吃得好，這個時候「快煮麵」就是最好的選擇了。八樹拉麵是蒸煮麵，比起泡麵含油量少了九九．八％，健康無負擔，而且波浪型拉麵體耐煮不軟爛，煮起來的麵條Q彈滑溜，非常好吃，加上海鮮、蔬菜、火鍋料煮熟，真是豪華又美味，太讚了！

副菜——椒麻娃娃菜：娃娃菜的口感不錯，嫌味道輕淡了點，大膽淋上有著香辣口感的椒麻淋醬，真是絕配啊！

飲料——珍珠奶茶：吃完麵後，喝個香香甜甜的奶茶，帶有Q勁的珍珠，真是一大享受。

許多粉絲紛紛連線，大家一起吃飯，粉絲也覺得好幸福，成功吸引了大學生及社會人士，粉絲人數直線上升，紛紛留言，還給她許多愛心錢，不知為什麼，她怎麼吃也不會肥。

粉絲A：「跟小美女吃飯，讓我一下子就把飯吃完了，不小心，還多吃了幾碗。」

粉絲B：「好像跟小女兒吃飯，Giya，妳讓我重溫當爸爸的感覺。」這位粉絲因為小女兒正值青春期，不喜歡跟爸爸一起吃飯，怕爸爸嘮叨。

粉絲C：「好久沒有人陪我吃飯了，Giya真的謝謝妳。」一位獨居老人的告白。

粉絲D：「小美女很專業，會親自下廚，還會介紹菜色，讓我下次可以去買來煮。」

粉絲E：「看到Giya吃飯的樣子，讓我覺得好好吃，好幸福喔！」

但也有遇到怪宅男及怪叔叔來騷擾的。

怪宅男：「Giya，可以約妳出來吃飯嗎？我請客！」

怪叔叔：「Giya，妳吃飯的樣子好美喔，可以當我的女朋友嗎？」

酒色鬼：「Giya來我家炒麵，幫我家麵店代言，最好當我的老婆。」

相當成功的視訊陪吃飯，讓Giya得到許多粉絲給她的愛心錢，她也捐出這些錢給大雄，當作偏鄉伴讀設備的基金。很快地，Giya變成網路的紅人。不幸的是，在網路上出現一位匿名的攻擊者，在網路上用山寨的方法，模仿Giya視訊陪吃飯，她穿的服裝跟Giya一樣，但頭上載著Giya的自拍面具。

「各位叔叔、伯伯、哥哥、同學，我叫Gyvi（台語）。」

「今天要跟大家吃的午餐，是好吃的頂狂牛肉麵。」

「你看牛肉大塊，肉美香甜，吃入口中，入口即化，神情氣爽，活力十足，好像得了狂牛症，啊，不是啦，像是一頭狂牛，包準今天戰力十足。」

「吸一口湯，嘶……（聲音），對，就是這味道，絕對吃不出有餿水油的味道，讓大家慢慢地死渾然不知，要購買這油品，請洽〇八〇—四四四—四四四。」

「各位叔叔、伯伯、哥哥、同學，覺得今天陪吃飯的牛肉麵好吃嗎？請賞我噁心錢，我好愛大家喔！」

這影片很快在網路上傳開，引起少數對Giya不理智及嫉妒她的人，在粉絲團騷擾她，說她代言的東西不實及有害健康，並散播不實的言論攻擊她，結果引起 Giya 的粉絲反擊。兩邊謾罵的文字在粉絲團中快速洗板，無辜的廠商遭到波及，紛紛解除代言，最後 Giya 心疼粉絲也被攻擊，於是宣布因為課業的壓力及家人的不同期待，從今天開始，關閉「17」的視訊陪吃飯，造成粉絲的不便，敬請見諒。

這一宣布後，原本以為會被粉絲罵，但出奇意外受到粉絲的支持，而且原先攻擊他的匿名者，統統都閉嘴了。

粉絲 A：「支持 Giya 以課業為優先！」

粉絲 B：「我的化妝技術都是從 Giya 這裡學到的，謝謝妳，支持妳。」

粉絲 C：「愛唱歌的小美女，我的烏克麗麗是跟妳學的，進步很多，改天我們一起合唱，愛妳喔，支持妳。」

粉絲 D：「Giya 加油，愛妳喔，支持妳！」

粉絲 E：「雖然以後不能跟妳一起吃飯，但還是支持妳！」

受傷的 Giya 停掉這些活動，傷心地跟大雄說：「沒有視訊陪吃飯，我是沒有關係，但是我沒有額外收入來贊助偏鄉小朋友伴讀了。」

「Giya 不要傷心，不要哭，就是有些人見不得人家好，沒有錢贊助也沒關係，跟我去偏鄉伴讀就好了。」

Giya 那張百般委曲、哭訴的臉，靠著大雄的肩膀，大雄不知該如何安慰她，雙手張開，任由 Giya 流淚控訴。

過了一會兒，大雄說：「要是讓我找到躲在背後放暗箭傷人的匿名攻擊者是誰，我一定要給他好看！」

Giya點點頭說：「嗯，我也要射他一箭！」

「讓她喝喝餿水油的味道，自食惡果！」

本章註釋

① 置入式行銷：是指刻意將行銷事物以巧妙的手法置入既存媒體，以期藉由既存媒體的曝光率來達成廣告效果。行銷事物和既存媒體不一定相關，一般閱聽人也不一定能察覺其為一種行銷手段，如在粉絲團中化妝的文章中，寫特定商品的好處，也就是業配文，是置入式行銷的一種。（資料來源：維基百科）

14

網路攝影機被駭

小安的即時通訊帳號被駭客盜走，詐騙了許多同學及朋友，他實在很不甘心，決心想辦法要找出這名駭客，但他也知道自己的能力不足，所以他想到利用網路社群，去找地下駭客組織，說不定可以找到高手幫他。

於是，他無意間發現到一個駭客群組討論區，小安把他的經過寫在這群組，不幸的是，過了一段日子都沒人理他，直到他把病毒分享在這討論區中：「有人知道這病毒嗎？」。

「你這病毒從哪兒來的？」其中一位駭客好奇地問。

「我就是中了這病毒，帳號及密碼才被盜走的。」小安回答。

「嘿嘿嘿，一年多前失蹤的病毒，重現江湖。」駭客回覆。

過了一會兒，駭客說：「我們老大找你，請申請我們組織的帳號，網址在這裡，待會兒會有人主動跟你聯繫。」

小安二話不說，趕緊照這個網址申請了帳號，等著駭客來交談。

沒多久，果然有一位自稱 Hank King 的駭客來主動找他。

「你還記得病毒是從哪裡來的嗎？」Hank 開口直問。

「我不清楚，只知道駭客用這病毒盜走我所有的帳號和密碼。」小安說

「你仔細想想，是不是有人傳訊息給你，或電子郵件給你，然後你就點擊了呢？」

聽這位駭客一說，小安忽然想起，有一位網友傳一個訊息給他，於是他回說：「該不會是那天，有網友送給我匿名的色情鏈結吧？」

「把它秀給我看。」

於是小安進入臉書的「真大條」匿名帳號，把那色情網址給 Hank 看，並一五一十告訴 Hank，為何他用這個匿名帳號，以及造謠陷害大雄的事。

「你的事，我完全知道了，但我沒有興趣，不過我們有共同的目標，只要你的電腦借我，我一定無條件幫你。」

「是因為這隻病毒，你才來幫我嗎？」小安半信半疑地問，因為原先他請求幫忙時，竟都沒人理，後來小安放上病毒，就有人來聯繫。

「你真聰明，這病毒是我寫的，我也想找出誰在幕後散播我的病毒？其餘你不要問，否則會惹上麻煩。」

「好的，請問你的大名是 Hank King 嗎？我們接下來要做什麼？」小安好奇地問。

「沒錯，我就叫 Hank King，不准洩露我的名字，否則你就倒大楣，接下來我們可以……」

Hank 恐嚇小安，最好保密。

宜蓁喜歡在家中記錄自己的青春自拍，所以時常在房間、浴室穿清涼衣服，或不遮上半身，拿著手機自拍，作為自己青春成長的紀錄。她跟她的閨密，私底下都會分享比較暴露，但不是全身赤裸的那種照片，成為親密關係的一種象徵。

她的家中養了三隻小貓咪，姐姐就讀中部大學，時常想念貓咪，所以在家中得屋簷上安裝了網路攝影機，而三隻小貓咪住的地方，就在浴室旁邊。

有一天晚上，宜蓁在洗澡時忙著自拍，突然抬頭一看，看到屋簷上的攝影鏡頭，從監控貓咪的地方，自己移到浴室的窗戶，剛好窗戶沒關，宜蓁不經意看到網路攝影機正對著她，心裡十分不安。

洗完澡後，她打電話問姐姐：「姐姐，妳剛才有用網路攝影機在看小貓咪嗎？」

姐姐回答：「沒有啊，我剛剛在吃飯，是妳想姐姐，特地打電話來嗎？」

「對呀，我好想念姐姐，妳什麼時候回來？」

「我下星期六回去，幫我照顧好小貓咪。」

跟姐姐通完電話後，宜蓁有點擔心害怕，心裡在想不是姐姐，難道是網路攝影機壞了嗎？還是有更可怕的事發生，她真的不敢想太多。這時，她想起大雄是電腦高手，所以藉機邀請大雄、小宇和小英，星期天下午來家中做客。

門鈴響了，宜蓁走出來開門，三隻可愛的小貓咪，也跟著出來，小英抱起其中一隻小貓咪說：「好可愛的小貓咪！」

「來，大家進來請坐喝茶，不要客氣。」宜蓁親切地招待。

「你們家真舒服，客廳很明亮，沙發好乾淨喔！」小宇客氣地說。

「你們來之前有整理了，要不要看小貓咪的家？」宜蓁邀請他們。

「我一定要看，以後我們家也要養可愛的小貓咪。」小英說。

經過浴室就是小貓咪的窩，小英特地走到小貓咪的窩時，屋簷的攝影鏡頭就跟著她轉，這引起了小宇和大雄的注意。

小宇指著屋簷攝影機說：「這是智慧型的網路攝影機嗎？還會跟著人走動，高科技真厲害！」

14 網路攝影機被駭

「好像最近才這樣，我姐也沒操控它，不知道是否壞掉了。大雄，你可以幫我檢查一下嗎？」宜蓁表情緊張地問。

大雄回說：「等等，我查一下。」於是，趕緊打字給 Giya，請她查查看是否攝影監控軟體是否有漏洞（註1），不一會兒，Giya 回饋說：「監控攝影機軟體密碼是用預設的，而且也沒更新系統漏洞程式，所以駭客或有心人士，很容易猜出來或者入侵系統。」

「這台網路攝影機，應該已經被駭客入侵了，我來幫妳修補系統漏洞及更改密碼。」大雄指著屋簷網路攝影機對宜蓁說。

「好可怕，被駭客入侵，會有什麼損失嗎？」宜蓁表情轉為驚慌地說。

「目前還不清楚駭客的目的是什麼，不過妳自己要小心，浴室在這旁邊，不知駭客是否有偷拍到。」

「我會注意的，謝謝大雄。」

大雄一邊幫網路攝影機修補系統漏洞及更改密碼，一邊和大家聊天，四個人度過了一個愉快的星期天下午。

這一天，小安一大早進教室後，書包還沒放下，就急急忙忙跟大家說：「不好了，昨天我在網路的直播頻道，看到好像是宜蓁的洗澡影片直播。」

宜蓁聽到後心中有種不祥的預感，是不是網路攝影機被駭，我洗澡的過程被駭客公布了，於是就走到小安旁邊。小安把影片給宜蓁看，宜蓁見到影片，難過得說不出話來，整個人呆住了。

這時小宇看到宜蓁面有難色時，矢口否認道：「一點也不像宜蓁，而且隔著窗戶拍得不清楚，太模糊了。」

宜蓁心中很感謝小宇的解圍，這時大雄也走了過來說：「對呀，一點都不像宜蓁，而且宜蓁比她漂亮多了，小安你在哪個網站看到的？」

小安被大雄這麼一問，一時答不出來，有同學說：「該不會在色情網站看到的吧？付了多少錢呀？」結果全班同學哄堂大笑起來。

「我是好心分享，怕是宜蓁的洗澡影片外洩，下次不會這麼好心了。」小安好心被雷劈，一副委屈的樣子。

宜蓁心想，還好有大雄幫忙，及時阻止駭客的偷拍行為，又有小宇的仗義執言，要不然我的名譽就掃地了。

晚上宜蓁回到家後，打開電腦，讀取她的電子郵件，標題是宜蓁春光外洩的照片，附件有好幾張她洗澡的相片，畫質非常清晰，可以肯定是她本人，不是白天小安分享的那些模糊不清的照片。她感覺非常惶恐，而信件內容寫著：「如果想拿回妳的照片，請照辦！」

本章註釋

① 漏洞：是指應用軟體或操作系統軟體在邏輯設計上的缺陷或在編寫時產生的錯誤，這個缺陷或錯誤可以被不法者或者電腦駭客利用，透過植入木馬、病毒等方式來攻擊或控制整個電腦，從而竊取電腦中的重要資料和資訊，甚至破壞系統。（資料來源：台灣維基百科）

15

校慶歌喉讚

今年是學校成立二十周年，在校慶晚會上，學校各社團都有表演，但是教導主任排除今年剛成立的社團表演，認為他們會來不及準備，而且會降低表演的水準。魔敗樂團剛剛成立，未安排演出，也只能默然接受。大雄、小宇、小英及宜蓁四人，帶著失落的心情，坐在臺下觀賞表演。每一個社團都認真地表演，期望在校慶晚會能有不錯的表現，最讓他們四人憤憤不平的是，最後一個壓軸節目，是由教導主任的女兒，表演天鵝湖的芭蕾舞。

雖然臺上的表演很熱鬧，但大雄正掛著藍牙耳機跟 Giya 說話，並沒有在意這場演出。

「你們校慶表演，怎麼沒找我們魔敗樂團呢？」Giya 好奇地問。

「就是呀，不公平，剛成立為什麼不能表演？舊社團的表演，就會比較精彩嗎？」大雄不服氣地說。

「那我們上臺表演。」

「怎麼可能，妳會曝光的。」

「因為燈光暗，我可以用 3 D 投影方法，大家會以為是特效。」

「我不要啦！」大雄最後還是拒絕了 Giya 的請求。

Giya 很想上臺，但是找不到機會，只好看著臺上的社團表演，看看是否會有奇蹟出現，因為中間有許多節目太無聊了，大雄就閉目養神一下，沒想到不知不覺睡著了，連最後一個壓軸天鵝湖表演，他都錯過了。

這時，天鵝湖表演完畢，大家都給予熱烈的掌聲。教導主任女兒的芭蕾舞蹈，果真是不同凡響，臺下許多人大喊「安可、安可」，真的是太精彩了。

主持人說：「距離校慶晚會結束時間，還有十分鐘，現場有沒有來賓想表演的，我數到十，如果沒有的話，我們請教導主任做最後致詞。」

大家你看我，我看你，屏息以待，看誰願意表演。

這是個好機會，Giya 當然不能錯過。

「大雄，表演結束了，你這個懶豬，還不站起來，準備回家了。」Giya 故意使詐說。

大雄被剛剛熱烈的掌聲及 Giya 的談話吵醒了，沒注意到臺上的動靜，以為真的表演結束，很高興地站起來，伸個懶腰說：「終於結束了，回家吧！」

原本臺上主持人正在倒數，這時候大家被大雄突如其來的舉動給震驚住了，目光往大雄身上看去。大雄看到全場一片肅靜，才知道被 Giya 騙了，他頭低低的，連忙揮著手，好像說不關我的事。但是大家錯誤解讀他的意思，以為他向大家致意表示要上臺表演。

主持人手一揮，舞臺燈光往大雄照去，主持人說：「大家掌聲鼓勵，請這位勇敢的同學上臺。」

這時大家掌聲響起，結果大雄還是揮著手拒絕，心想真的中了 Giya 的計謀。

主持人機智地說：「可能掌聲太小，請大家拍大聲點，歡迎這位勇敢的同學上臺表演。」這次大家的掌聲不絕於耳，同時也看到教導主任在臺下，滿臉突兀的假笑，沒想到精心設計的致詞，要好好誇獎女兒的舞蹈，以及他的精神鼓勵，就這樣眼睜睜被大雄破壞了。

「大雄，走吧！」Giya 催促著大雄，大雄只好無奈地上臺。

主持人說：「請問你的大名？」

大雄說：「我叫莊國雄。」

主持人說：「請問你要表演什麼？」

大雄說：「唱歌，但不是我。」

臺下的觀眾都笑了起來。

主持人說：「你真幽默，那請你的夥伴出來。」

大雄說：「她害羞，可以把燈關暗點嗎？」

主持人示意將舞臺的燈關暗，這時大雄的身體轉向右邊，Giya 從舞臺右邊走出來。臺下同學看到一位小美女出來，有的粉絲發現是 Giya，在報以熱烈掌聲的同時，紛紛高喊：「Giya、Giya、Giya……」，都好興奮。

主持人：「看起來大家都知道小美女叫 Giya 了，妳要不要跟大家說幾句話。」

Giya：「大家好，我叫 Giya，是魔敗樂團成員，今天從南部來參加貴校的校慶，祝學校生日快樂，希望每年都來參加。」

臺下歡呼聲不斷。

主持人：「今天魔敗樂團好像沒有表演，妳要唱什麼歌來彌補這個遺缺之憾呢？」

「蔡依林經典的歌曲，〈說愛你〉！」Giya 先將手指向大雄，然後移到臺下的同學，大家都瘋狂起來。

Giya 美少女婀娜多姿的身材，動感美妙的舞步，配合這首歌及中間的 RAP 飛舞，迷死臺下眾多粉絲。大家一起幫她打拍子，一面開啟手機中的手電筒，像螢光棒一樣，跟著節奏揮舞，歌曲結束後，Giya 大聲喊：「說愛我！」

臺下觀眾的回聲整齊劃一：「我愛 Giya！」

現場氣氛嗨到頂點。

原本大家以為教導主任女兒的芭蕾舞，已經是歷屆校慶最有看頭的節目，沒想到 Giya 這一唱，把校慶節目帶到高潮。

Giya 準備致謝下臺時，臺下觀眾意猶未盡，安可聲不斷。

主持人：「觀眾這麼熱情，妳可以再唱一首歌嗎？」

Giya：「我想請我們魔敗社長李瑜英，一起唱蘇慧倫、莫文蔚的〈失戀萬歲〉。」

主持人：「請李瑜英上臺！」

大家的掌聲更是驚人，今天真難得，讓兩位魔敗樂團的台柱合體唱歌。

Giya 和小英隨著歌詞，兩人非常有默契，在臺上將大雄又打又罵，把臺下觀眾逗得樂開懷。唱完後，Giya 和小英很有禮貌地鞠躬謝謝大家，這時臺下的觀眾紛紛站起來，掌聲和叫喊聲不絕於耳，已經到瘋狂的地步。

可是燈光再亮起時，Giya 就不見了。

臺下的人紛紛喊道：「Giya、Giya、Giya……」

主持人把麥克風給大雄，大雄接過麥克風說：「Giya 有事先走了。」

臺下觀眾一臉錯愕，紛紛跑到後臺，要去追 Giya，結果引起全會場大亂，連教導主任想講話的機會也泡湯了。原本教導主任引以為傲的是女兒的芭蕾舞壓軸，反而沒人在意，這事件引起新聞媒體的關注，紛紛來學校採訪。由於記者找不到 Giya，只好找小英專訪，並且訪問歌迷。

記者：「這次你們在校慶造成網路及新聞的轟動，下一步有什麼打算嗎？」
小英：「我們魔敗樂團準備進軍全國高中歌唱大賽，希望大家能給我們鼓勵。」
記者：「請問你們魔敗樂團的台柱是誰？Giya在社團中所扮演的角色是什麼？」
小英：「我們魔敗樂團共有二十人，每一個人都是台柱，Giya是我們當中唱歌最出色的團員，我們魔敗樂團以她為榮。」
記者：「那麼這樣會不會搶走妳的光彩及角色？」
小英：「不會啦，我們是好姐妹，各有特色。」記者這番話刺痛了小英的心，雖然沒有表現在臉上，但已經受傷了。
電視台記者：「你認為這次校慶，最精彩的節目是什麼？」
宅男A：「那還用說，當然是Giya唱歌，好好聽。」
宅男B：「Giya唱歌，美妙極了！我的Giya，我的女神！」
宅男C：「什麼你的Giya，不要臉，他是我的Giya，我的、我的……」兩位粉絲誰也不讓誰，在訪問現場吵了起來。
女同學：「Giya是我的偶像，會唱歌長得又漂亮。」
各報紙頭版及新聞媒體報導：
T台：高中歌手Giya，歌聲宛如天籟之音，引起全場轟動！
C台：美少女歌手，校慶節目的壓軸，迷死宅男！
E台：雙胞胎高中生的歌聲，讓校慶青春洋溢！

15 校慶歌喉讚

A台：魔敗美少女校慶歌喉讚，進軍全國歌唱大賽！

在電視機的面前，出現一個人，他看著報導Giya唱歌，有點驚訝地說：「這……這……這難道是……」

16

網路霸凌

由於Giya的歌迷在校慶無法親自跟Giya見面及簽名，所以都跑到Giya粉絲團留言，許多粉絲的留言太多了，紛紛慘遭洗板。

粉絲A：氣質美少女，妳唱得好好聽！

粉絲B：好可愛的蔡依林！

粉絲C：我可以要妳的簽名照嗎？

粉絲D：下次我要跟妳一起拍美美照！

……

最後，Giya在粉絲團留言感謝大家：「謝謝大家的鼓勵，實在不好意思，因為臨時上臺表演，忘了搭火車的時間，所以表演結束，就立刻坐上計程車去趕火車了。小妹不是明星，所以沒有簽名照給大家，喜歡小妹的話，常來我們魔敗樂團，給我們鼓勵。」

越來越多的魔敗粉絲討論著Giya，把人氣帶到最高潮。

後來，粉絲「魔力克」竟提議票選Giya和小英，看誰是魔敗最佳歌手，許多魔敗粉絲紛紛表示贊同。Giya和小英表示反對，Giya在魔敗樂團留言：「我以魔敗為榮，最佳歌手非小英社長莫屬，所以票選最佳歌手是沒有意義的事，謝謝大家的好意，請大家不要舉辦票選活動。」小英也留言：「其實每一位在魔敗樂團的成員都是最佳歌手，尤其Giya更是我們的人氣指標，我們是要爭奪全國高中歌唱大賽前三名，而不是票選活動。」

「魔力克」又在粉絲團貼文挑撥：「票選最佳歌手能夠為我們魔敗樂團帶來更多的人氣，這樣進軍全國高中歌唱大賽，可以未演先轟動。」

結果，在「魔力克」的號召下，粉絲們都認為有票選最佳歌手的必要。於是，為期一星期的票選，就在隔天的早上九點正式展開了。

第一天，「魔力克」貼出Giya的成名曲〈說愛你〉及小英的〈月亮代表我的心〉，票數像是選舉開票一樣，大家用手機不時看投票情形，Giya：小英是一〇二一：一〇三七，已經突破一千票了，許多粉絲上網留言並拉票，到了中午兩位已經超過二千票，每位粉絲的心情都十分緊張；到了晚上九點，兩位的票數已達五千票，而且互有領先，形成拉鋸戰，Giya：小英是五一九五：五二二〇。第二天過去了，票數達到一萬票。第三天過去了，票數達到近一萬五千票。第四天，票數達到近兩萬票。第五天，票數達到近兩萬五千票。第六天，票數達到近三萬票。雙方的拉鋸持續好幾天，讓兩人的粉絲，心裡都卯足了勁，大家相互鼓勵、也相互對罵。最後一天，形勢急轉直下，「魔力克」製作了一個水果日報的PK表，除了唱歌對決外，還大打大頭貼臉蛋、三圍、身高、粉絲人數，比選美大賽還激烈。他自己用主觀的評斷，製成Giya完敗小英的圖表，讓許多還未投票的粉絲在最一後天紛紛投給了Giya。

最後得票結果，Giya：小英的比數是五二二八一：三九二二二，Giya大勝。

許多粉絲都在魔敗樂團恭喜Giya，但「魔力克」似乎沒放過小英，在魔敗樂團貼文說：「小英實在不配當我們魔敗樂團社長，最佳歌手不是她，而且她不是真的會唱歌，還不是靠他哥哥小宇小提琴伴奏及大雄的和聲伴奏，其實她唱的普普通通。況且一位歌手，唱歌沒特色就算了，連基本的好臉蛋、好身材都沒有，更重要的是粉絲團人數少，大家的眼睛是雪亮的，應該讓Giya當社長。」

放學後，大家在魔敗樂團練歌時，都知道這個消息，但誰都不說，直到有一位白目的團員說：「號外，你們知道我們魔敗社的最佳歌手是誰嗎？」

大雄把手指放在嘴巴上，比噓聲，但這個團員似乎不懂還說：「就是Giya耶，她打敗小英社長，共得五萬多票。」

這時Giya在手機上說：「真的好無聊，小英，不要理這件事。」

大雄也點頭認同，並安慰小英：「魔敗樂團的成員，都是最佳歌手。」

白目的團員又說：「有人貼文說，小英唱歌很普通，是靠小宇和大雄的幫忙，而且身為歌手，要有臉蛋與身材，所以建議魔敗樂團社長，應該讓Giya擔任。」

宜蓁兩眼瞪著白目的團員，生氣地說：「是誰這麼造謠，亂說話，不要再說了！」

小宇也安慰小英：「不要理這種謠言！」

小英聽完，流著眼淚從魔敗社跑出來，大雄在後面追趕。這時，外面天空下著雨，兩人沿著校園一直跑，外面的同學看到說：「這不是輸掉最佳歌手的小英嗎？」沿路都有人指指點點，到了一處空曠的校園，小英踩空跌落在一灘水中，大雄想去扶，小英說：「不要過來！」

大雄聽到後，就站在原地，任雨水打濕了全身。

「小英，我知道妳很難過！」

「大雄，我是不是不配當社長？」

「笑話，再也沒有人比妳適合當社長了，還記得當初成立時，妳身先士卒，我們魔敗樂團才可以成立，沒有妳就沒有魔敗樂團。」

「可是你表妹Giya……」

「我知道妳想說什麼，但Giya絕對不能跟妳比，也不用比。」

這時大雄走過去把小英扶起來，小英靠在大雄的肩頭痛哭，雨不斷地下著，淋在兩人的臉上，分不清這是雨，還是淚。

大雄回到家中，一心想要把匿名「魔力克」找出來，他舉辦這場票選最佳女歌手及散布謠言，深深傷害了小英，讓魔敗樂團籠罩在低氣壓的氣氛當中。但是他卻沒有發覺他跟小英的對話，已經惹得Giya很不高興。

「Giya，能幫我找出誰是『魔力克』嗎？」大雄問道。

「你沒有看到我在生氣嗎？」Giya臉臭臭的，移開大雄的視線。

「是生氣，還是吃醋？」大雄用開玩笑的口吻問。

「我不是吃醋，而是生氣。」Giya更加不理大雄。

「安慰小英也不行嗎？」大雄有點緊張了。

「我才不是那麼小氣，你說『Giya絕對不能跟妳比』，是什麼意思？」

「我的意思是說她是人，而妳是手機，怎麼可以比呢？」大雄一不小心說溜了嘴。

原本Giya就是想要成為跟小英一樣的「人」，但大雄的內心，還是把她當成一支手機，她由生氣轉為難過：「對啦，我就是手機，才會那麼傻想當人！」

大雄發覺自己傷了Giya，想跟她道歉時，Giya不理他，消失了。

	Giya	小英
唱歌	**勝** 說愛你	月亮代表我的心
大頭貼	**勝**	
身高	**勝** 170 公分	165 公分
三圍	**勝** 32C, 25, 34	30A, 24, 32
粉絲人數	**勝** 2000	5000

▲水果日報的ＰＫ表

大雄只好一個人坐在書桌前思考，想起之前 Giya 是如何運用電腦病毒，來找出散播作弊謠言的匿名者「真大條」，決定如法炮製。他想，既然「魔力克」是 Giya 的粉絲，就用標題：「Giya 未公開的清涼照片」，再用上次 Giya 臉書匿名帳號，傳訊息給他。

此時，坐在電腦前的匿名者「魔力克」正在看魔敗樂團的討論，忽然看到一封訊息，覺得非常有趣，點擊這網址進去，果真是 Giya 穿著夏天的清涼服裝，便順勢轉貼這張照片到 Giya 的粉絲團：「號外，Giya 的清涼照！」

雖然成功吸引許多粉絲，但他卻沒有想到自己的電腦已經中毒了。

大雄在電腦前，像是按照劇本一樣，看到「魔力克」順利掉入了陷阱，用他自己的臉書帳號登入。這時，大雄在電腦上看到了熟悉的帳號，簡直不敢相信，整個人的思緒一團亂，小英被網路霸凌（註 1）、Giya 被自己無心傷害，而最要好的同學，竟然會傷害小英。

大雄不由自主地祈求佛祖，給他智慧、給他勇氣，去解決這些難題。

更糟糕的是，大雄不知道目前他的處境是危險的，「螳螂捕蟬，黃雀在後」，原來在「魔力克」的電腦中，已經安裝了反追蹤的程式，在沒有 Giya 的幫助下，大雄也正一步一步掉入駭客的陷阱。

本章註釋

① 網路霸凌：傳統上，霸凌指的是出現在校園中、青少年族群間恃強凌弱、以大欺小的行為。霸凌包括暴力與非暴力攻擊行為，最常見的種類是濫用語言，例如譏諷辱罵。這種欺壓行為對許多正處於人格發展階段的受害學童與青少年帶來極大的傷害。
現今因為電腦網路與通訊科技的普及，使霸凌行為透過這些媒介，例如電子郵件、網路貼文、手機簡訊等方式，在校園環境中蔓延。這種透過現代網路科技而進化的霸凌行為即稱為網路霸凌（cyber — bullying），又稱「電子霸凌」、「簡訊霸凌」、「數位霸凌」或「線上霸凌」。（資料來源：教育部中小學網路人素養與認知。）

17

自拍裸照外洩

今天在學校，許多同學都在手機即時通訊，分享最新一款的免費貼圖「蛋白妹」的交友愛情觀，由於受到許多人的喜愛，很快地這貼圖就瘋狂流傳開來。

小蘋果在即時通訊的群組中貼文：「號外！今日免費貼圖——『蛋白妹的交友愛情觀』，有動畫有聲音，不用加好友。」

小米粉下載完後立刻回貼：「蛋白妹親蛋黃的『啾咪』貼圖」（有愛情的感覺）

書涴下載完後也立刻回貼：「蛋白妹的『3Q』貼圖」（非常可愛又貼心）

……

小安也是在即時通訊群組中，大力宣傳這個蛋白妹免費貼圖，結果，幾乎全班都下載了，而且分享給其他群組。到了後來，全臺都瘋狂下載分享，造成即時通訊速度變慢及當機，使大家在網路上怨聲載道。越是這樣，越是讓人瘋狂下載，好像是蛋塔效應一樣。

雖然大雄的即時通訊群組中，多次出現蛋白妹的下載貼文，但大雄卻無心理會。他在教室裡一見到了小宇，立刻把宜蓁就是造謠霸凌小英的匿名者「魔力克」的消息告訴了他。小宇聽到後的反應，跟大雄一模一樣，簡直不敢相信，他想起宜蓁跟小英妹妹感情這麼好，沒有理由要霸凌小英呀？當場回問：「大雄，你會不會搞錯了？」大雄回答：「我是用最嚴謹的電腦技術查到的，現在只能問當事人了。」

不巧的是，學校的社團中，最近有人散播一位學校女生的洗澡照片，還有她自拍的裸露照片。這已違反社團的貼文，雖然版主很快就把照片及貼文刪除，但大家私底下都在談論這個消息，甚至有學生去人肉搜索，得到照片本人的答案，竟是陳宜蓁。很快地，這消息便傳遍了全校。

在上電腦課前，小安、書浣等人，在手機上觀看一張張裸照，小安有了上次揭發裸照失敗的經驗，不再大肆說出來。

照片中的女主角像極了宜蓁，張張都是自拍照。

第一張：漂亮的臉蛋，穿三角褲、一手捧著胸部，不露點照，透露出可愛的青春氣息。

第二張：臉部用洗面乳塗滿，雖然不露點，但整個身體擺出性感的曲線美。

第三張：不露臉，不穿衣服的露胸照，顯示漂亮胸部的成長。

其餘的多張照片，都是青春洋溢的清涼及裸體自拍等等。

小米粉、小蘋果看到小安、書浣等人在手機前看照片，也好奇去看，結果大吃一驚。

小米粉生氣地說：「你們男生怎麼可以這樣，在學校看裸照。」

小安露出邪惡的笑容說：「妳覺得她像誰呀？」

小蘋果一看到照片滿是驚訝，心裡想：「這不是宜蓁傳給我的照片嗎？怎麼會在這裡？」於是，她快步走去宜蓁桌旁，但宜蓁似乎心神不定，目光有點呆滯。

小蘋果一臉驚慌地說：「宜蓁，怎麼辦，我們交換的私密照片好像外流了？這絕對不是我傳的。」

宜蓁點點頭，似乎認同小蘋果的看法，也不表示意見。

大雄和小宇因「魔力克」的事，無心湊熱鬧。

這時上課鈴響，小紅老師一進入教室，看到男同學在看手機上的裸照，就對大家說：「我們今天的電腦課，上一點特別的，就是網路安全課程，用最近校園發生的事，來看大家是否對網路安全瞭解。首先，請大家猜猜看，我有沒有男朋友，如果有會是誰？」

開學前，大雄很精準地猜中老師的年齡、就讀的學校及老師的大頭貼，這次也不例外，快速找到。

不過小安先舉手：「老師，你的男友叫丁茂林，我看到你們兩人的親密合照。」

小紅老師哈哈大笑：「那是我哥哥，不要搞錯了，他跟我同姓『丁』！」

全班同學也跟著老師笑了出來，並且有同學說：「老師沒有男朋友，是老師故意要誤導我們的。」

這時大雄舉手說：「老師的男朋友叫李資豪，在刑事局偵九隊工作。」

小紅老師豎起大拇指說：「大雄果然是電腦高手，我覺得已經將我男朋友隱藏得很好了，但還是被挖了出來。」

大雄：「其實我是看老師的一些貼文，你男朋友很捧妳的場，常去按讚或留言，然後我再從Google搜尋他的公開資料，才找到他在刑事局偵九隊工作。你的男朋友很有名，經常破獲網路犯罪。」

大雄這麼一說，小紅老師不知不覺臉紅了起來。

「如果大家有遇到造謠及不當的裸露照片，我可以請我男朋友幫忙，尤其最近學校社團好像不太平靜。」其實小紅老師在暗示宜蓁，她的裸照風波，可以來找老師幫忙，但是宜蓁將頭低下去，似乎有難言之隱。

小紅老師又說：「還有，小安和書浣，你們剛才在手機看的照片，記得馬上刪除，不要散播，避免成為幫兇，否則我請我男朋友來抓你們。」

大家鼓噪著說：「老師，幸福啊，有靠山喔！」

小紅老師的臉更紅了：「安靜！」

小安和書涗聽小紅老師說完後，心裡雖然不甘心，但也只好當著老師面前刪除了照片。

宜蓁一方面心裡非常感謝老師的幫忙，另一方面卻回想，前些日子一起跟小英看偶像劇，一起哭、一起笑、一起瘋偶像，在學校與小英唱歌，那麼純真、那麼自然、那麼快樂，但現在自己的內心十分煎熬和慚愧。

小紅老師在臺上，眼睛看往宜蓁，但她沒有抬頭看老師，小紅老師心想，讓宜蓁冷靜一下，放學時再找她聊聊。

誰知，擔心的事情還是發生了，原先小宇想在放學後，跟宜蓁談談有關「魔力克」的事，但宜蓁沒有像往常一樣，到弦樂社團練小提琴。小宇傳給宜蓁的訊息也「已讀不回」，打電話也沒接。時間一分一秒地過去，大雄和小英也非常擔心宜蓁，打電話去也未接。到了晚上十點，還是沒有她的消息，她的父母也因為聯絡不到她，跟小紅老師一起去尋找。

大家都很擔心，這時宜蓁突然傳了訊息給小宇：「人活著，好累！好累！好累！」

小宇看到訊息趕緊回覆：「沒有什麼事過不去的，妳在哪裡？」

結果，宜蓁還是已讀不回。

小宇不知道該怎麼辦，就把訊息給旁邊的大雄和小英看，大雄一看到訊息，臉上露出一線曙光：「宜蓁在傳訊息時，GPS全球衛星定位系統是打開的！」他馬上進入 Google 地圖，發現宜蓁在靠近學校不遠的池塘邊。

小宇、小英和大雄，迫不及待地跑到池塘邊，宜蓁看到他們大吃一驚，請他們不要過來，不然她就要跳到池塘裡。

「宜蓁，不要誤會，我們是妳的好朋友，只想要跟妳聊聊天。」小宇很謹慎地說，怕激起宜蓁的情緒反應。

宜蓁聽完眼淚掉了下來，哭著說：「你們不會要我這樣的朋友，我就是你們要找的『魔力克』。」

小宇聽到後，沒有感到生氣，反而同情宜蓁說：「我相信妳一定有苦衷。」

「都怪我，愛玩自拍，在洗澡和換衣服時自己拍裸照，想記錄自己的青春時光，但是這些照片都沒有加密，沒想到被駭客入侵了手機和電腦，用這些照片威脅我。」宜蓁啜泣著說。

「那妳為什麼不找大雄呢？他應該可以幫妳。」

「原先駭客只威脅我，用匿名帳號『魔力克』來辦票選活動，所以我想應該還好，沒想到駭客得寸進尺，叫我要用不實的ＰＫ方式及散布不實謠言，被我拒絕後，駭客就自己去貼文，並且散布我的裸照。」

「對不起，讓妳為難了，這不是妳的錯，錯的是駭客。」小宇這一句話，讓宜蓁卸下心防。

「我對不起小英……」宜蓁難過地說。

這時，小英和大雄也走過來要安慰宜蓁，宜蓁看到小英，兩個人相擁哭泣。

小宇此時摟著兩人的肩膀安慰她們。

大雄說：「宜蓁，請放心，我一定幫妳找到駭客，把照片要回來。」

正說著，宜蓁的父母和小紅老師也來到現場。

小紅老師擁抱宜蓁說：「宜蓁，老師對不起妳，來晚了。」

宜蓁：「老師，是我不好，應該早一點告訴妳的，害大家擔心了。」

小紅老師：「沒事！沒事！不要放在心上。」

這時，宜蓁也回頭抱抱爸爸、媽媽，大家一起安慰宜蓁，讓宜蓁的情緒緩和下來後，宜蓁就跟父母回家了。小紅老師也聽取宜蓁的看法，先不找她男朋友解決，以免事情鬧大，但她先請大雄看看是否可以查出蛛絲馬跡，之後再請他男朋友幫忙。

18

蛋白妹貼圖綁架手機

回到家之後，在小紅老師的認可下，大雄一心想要找出到底誰是駭客，把宜蓁害得這樣慘。原先想請 Giya 幫忙，可是她還在生氣、難過，根本不理大雄，已經幾天沒跟大雄說話了。

大雄用可愛的口吻問：「小美女在家嗎？」

這時房間裡安安靜靜的，Giya 沒有回答。

「我幫妳買了『新衣服』，花系列的機殼，配上草莓吊飾是絕配，要出來看看嗎？」房間還是靜悄悄的。

「我知道妳還在生氣，但是妳也知道，宜蓁遇到麻煩了，需要妳的幫忙。」大雄無奈地說，可是 Giya 就是沒有回應。

因為 Giya 沒有回應，大雄只好開啟電腦，準備幫宜蓁找出是誰入侵她的電腦，並實施遠端控制。正在查資料時，Giya 大叫一聲，出現在大雄面前：「糟糕，中了駭客的反追蹤！」

「真的嗎？那怎麼辦呢？」大雄又驚又喜，喜的當然是 Giya 願意跟他說話，驚的是中了駭客的詭計。

「這駭客是高手，看來要有一番鬥智了。」

Giya 先把目前電腦網路斷線，保留所有駭客反追蹤的資料，

「我們可以到宜蓁家，直接用她的電腦查，不然駭客很容易查出我們是誰的。」

「嗯，我待會兒打電話給她，明天下課去她家查，記得穿上花系列衣服，我們明天去找宜蓁。」

「有草莓的衣服嗎？」這時大雄頭上有一隻烏鴉，飛過三條線。

隔天大家去學校上課，小米粉正在跟大家炫耀她和男朋友的甜蜜照片，結果這一秒打開後，下

一秒照片就打不開了。她好像在跟時間賽跑一樣，一張張照片、影片去試，沒想到她的速度跟不上被破壞的速度，一下子手中的相片檔、影片檔、音樂檔、聯絡資料等等，一下子統統無法打開，最後手機的桌面被改為綁架勒索的圖示。

小米粉當場哭了起來，好不傷心。

當小米粉遭殃後，書浣和其他人都遇到同樣的情形，手機只能回到最原始的打電話及傳簡訊，所有APP功能都被鎖住。

書浣搖搖頭感慨地說：「天呀，沒有免費的網路遊戲、電影、電視劇已經是我們這個時代的不幸，現在智慧型手機變成功能性手機，還有天理嗎？」

書浣按了綁架勒索的圖示後，出現了一個網站，上面寫著：

「我是替大家加密手機的資訊，並且上傳至雲端，養成大家備份的好習慣，只要付一元比特幣，我就會把檔案恢復。」

小安說：「一元比特幣，還要勒索？給他！」

書浣說：「一元比特幣，目前匯率相當於台幣一萬五千元，我們學生哪裡付得起？」

小安只好閉嘴。

大雄正一邊看程式設計的書，一邊想著待會兒要去宜蓁家，該如何追查駭客，並沒有發現周遭的同學已經大亂了。

小米粉楚楚可憐地說：「大雄，怎麼辦，我們的手機不知怎麼搞的，檔案都被綁架了，還要勒索我們一元比特幣。」

大雄一聽，非常吃驚，差一點從椅子上掉下來：「怎麼可能？給我看妳的手機。」

小米粉把手機遞給了大雄，大雄看一看查不出什麼問題，問大家：「你們最近有玩什麼東西嗎？」

大家都努力在想，就是每天玩臉書、聽音樂、玩手機遊戲，還有玩即時通訊，沒有什麼特別的，似乎想不出什麼異樣。

小米粉好奇地問：「你最近都沒玩嗎？難怪即時通訊中，有新的蛋白妹免費貼圖，都沒看到你回傳下載。」

大雄一聽小米粉這麼說，用Giya手機進入到即時通訊中，果然看見蛋白妹免費貼圖。他檢查發現，這貼圖認證中有不明的程式，觸發即時通訊中的漏洞就會侵入手機，時間設為一天後將自動加密手機中的資料，以及鎖定手機所有APP，只能打電話及傳簡訊。

於是，大雄趕緊將這條訊息回饋給防毒軟體或資安公司，請他們幫忙解毒，另一方面他幫助同學從手機雲端備份，再回覆到手機，成功救回聯絡資料、相片檔、影片檔、音樂檔等等。

中午，電視新聞頭條不約而同地訪問各家的防毒軟體及資安公司。

T台報導：「蛋白妹貼圖綁架手機，全台百萬人受害。要付一元比特幣贖金！」

E台報導：「蛋白妹貼圖綁架手機，全台百萬人受害。被海久高中天才少年破解！」

S台報導：「蛋白妹貼圖綁架手機，全台百萬人受害。貼圖公司承認貼圖認證被駭！」

記者：「請問這次蛋白妹貼圖綁架手機，為何來勢洶洶？」

防毒軟體公司發言人：「全台灣使用這款即時通訊超過一千五百萬人，幾乎有手機的人都在使用，而且貼圖那麼可愛動人，散播力當然強大。」

記者：「聽說這病毒是一位高中少年發現提供的，是真的嗎？」

防毒軟體公司發言人：「沒錯，我們謝謝這位海久高中的同學，是他在第一時間將病毒樣本送來，不過基於保護客戶及青少年的立場，我們不會公布他的名字。」

記者：「有許多人抱怨，你們殺不死這個病毒，而且還不能復原檔案。」

防毒軟體公司發言人：「這是新型態的病毒，因為檔案被加密，我們不知加密的key（金鑰），所以無法復原，建議手機使用者利用雲端的備份復原。」

記者：「如果沒有雲端備份呢？」

防毒軟體公司發言人：「請不要罵我，如果你覺得檔案重要的話，請付一元比特幣贖金，檔案就可以恢復了。」

記者：「才一元，駭客頭腦壞掉了？」

防毒軟體公司發言人：「現在一元比特幣，目前匯率相當於台幣一萬五千元。」

記者差點接不下去，臉色變青了：「這……樣，會有人付嗎？」

防毒軟體公司發言人：「我們估計約有一〇%的受害者會付錢，也就是二十萬人，共計二十萬元比特幣。」

記者呆住了，口中喃喃自語：「太好賺了！」

此時，穿著黑衣的駭客透過電視的報導說：「讓你逃過一劫，海久高中！下一招，『持續性滲透攻擊』APT（註1）！」

本章註釋

① 持續性滲透攻擊（advanced persistent threat，縮寫：APT）：是指隱匿而持久的電腦入侵過程，通常由某些人員精心策畫，針對特定的目標。其通常是出於商業或政治動機，針對特定組織或國家，並要求在長時間內保持高隱蔽性。高級長期威脅包含三個要素：高級、長期、威脅。高級強調的是使用複雜精密的惡意軟體及技術以利用系統中的漏洞。長期暗指某個外部力量會持續監控特定目標，並從其獲取數據。威脅則指人為參與策畫的攻擊。（資料來源：維基百科。）

19

找尋駭客蹤跡

放學後，大雄來到了宜蓁家，在客廳的電腦中查看資料。

「查一下電腦，看有沒有奇怪的程式在記憶體中，或者在電腦註冊碼中。」Giya透過藍牙耳機提醒大雄。

大雄查了一下，果真如Giya所說，這程式會連線到一個特定的網站。

「糟了，宜蓁的電腦可以被駭客隨意操控，成為殭屍網路（註1）之一，難怪她自拍的裸照及洗澡照片都會被駭客偷走。」

「你看這個特洛伊木馬程式是從另外一台電腦入侵的，我查了一下網址，竟然是『全世界電信公司』，而且我用的就是這家。」大雄有點驚訝地說。

「我查了這家企業網站，手機網站首頁竟然被駭客植入木馬，而且沒人知道，他的客戶或使用者，只要去瀏覽這家企業網站就會中毒，真是令人捏一把冷汗。」Giya用藍牙耳機說。

「那我們下一站去這家企業查。」

這時，宜蓁走過來問：「你剛才在跟誰說話？」

「沒有啦，我在查電腦時，常常自言自語，保持腦袋清醒。」大雄吞吞吐吐，差一點就穿幫。

「查的結果如何？」

「很有收穫，我需要再深入調查。妳的電腦先不要用，我想保留駭客使用的證據，等解毒之後，妳再使用。」

「好的，那我就等你下次來我家喔！」宜蓁微笑著說。

大雄告別了宜蓁，就打電話給那家受駭客入侵的「全世界電信公司」。

「喂，請問是資訊部門嗎？」大雄在電話這頭問。

「是的，請問有什麼事？」

「我叫莊國雄，因為發現貴公司網站遭到駭客入侵，想去拜訪，方便嗎？」

「哪有可能？我們公司資訊安全做到滴水不漏，你有證據嗎？」資訊人員有點輕蔑的味道。

「先生，先不要懷疑我，您可以查一下你們公司網站的首頁，看看是否有一個木馬程式？」電話那頭的資訊人員，半信半疑地去追查他們的公司網站，果真查到一個來路不明的程式。

「小朋友，你怎麼知道的？你有什麼目的嗎？」資訊人員開始有點緊張。

「先生，您不用緊張，其實貴公司是受害者之一，我是想追查這位駭客，因為他害了我的同學，不知可否讓我看看這台被駭客入侵的電腦？」

這個企業的資訊人員，聽大雄分析得相當專業，也希望他能查出為什麼被駭。因為這個網站是手機購物網站，網站被駭後，一定會有許多購物者的信用卡帳號被盜。於是，他跟主管報告後，答應大雄來公司查訪。

大雄到了這家公司後，展開了專業的分析，發現這個被駭的網站，是受到了ＳＱＬ資料隱碼攻擊（註2），而且發現連內部的管理者帳號及密碼也被側錄，還被植入了Ｃ＆Ｃ伺服器（註3），連公司的機密文件，也跟宜蓁的電腦一樣，被駭客遠端遙控。

「大雄，不好了，你看這連線記錄，可能學校也被駭了？」Giya 吃驚地說。

「怎麼會這樣？」大雄不敢相信自己眼睛看到的事實：這家公司被駭網站伺服器，有一個木馬程式連線網址，來自於大雄的學校。

整個分析完後，公司的電腦主管及資訊人員，都對大雄的電腦技術十分敬佩。

「還好在購買時，信用卡付款流程在另一個網站，沒有被駭，不過也要通知使用者，記得清除病毒。」大雄說。

「你真的才讀高二嗎？實在太厲害了！要不是你及時通知，我們公司不知要損失多少呢？真的謝謝你。」電腦主管感激地說。

「不用客氣，不過為了安全起見，不知是否可以檢查你們的內部網路？」大雄提出進一步的要求。

「目前沒有檢查出異常，但如果你有新發現的話，我們願意讓你檢查。」主管因為怕內部機密外洩以及丟臉，善意地拒絕大雄的要求。

「好的，那我就檢查到此。」

「現在科技的潮流，是青少年的天下，我們老了！」

電腦主管邊說，邊伸出了雙手，與大雄握手致意，一方面謝謝他，另一方面敬佩英雄出少年。

大雄告別了「全世界電信公司」的電腦主管及資訊人員，看看手機時間，已經是凌晨兩點，決定先回家睡覺，明天一早去向學校報告。

19 找尋駭客蹤跡

隔天一早到學校，大雄想先跟小紅老師報告電腦被駭的事，但不巧的是，小紅老師在假日期間沒接到電話。

「怎麼辦？找不到小紅老師，時間又這麼緊迫，希望今天能把它查完。可是星期六學校都放假，不知道可以找誰？」

「可以找教導主任，他對我們印象深刻，一定會信任我們的！」

「真的嗎？可是我覺得是反效果，我們跟主任用談條件的方式申請魔敗樂團，又在校慶時破壞了教導主任精心安排的致詞節目，他應該很不喜歡我們的。」大雄有些猶豫，不想找教導主任。

「這兩件事用電腦來看是負負得正。」Giya 偷笑著說，「電腦被駭應該找教務處，可是我們現在不知如何聯絡，上次他要 PO 他女兒的舞蹈影片，有給我們電話，他對我們應該印象深刻，所謂不打不相識，反而會信任我們的。」Giya 越說越有自信。

大雄聽了 Giya 的分析，雖然並不完全贊同，但現在也只好死馬當活馬醫了，硬著頭皮打電話給教導主任。

「喂，請問是教導主任嗎？我是莊國雄。」

「莊國雄，找我是不是有什麼歹事，需要幫忙呀？」教導主任認為接到學生電話，應該都是沒好事的。

「主任您說對了，歹事是學校電腦被駭了，但是若能查出來的話，您大功一件，這是一件大好事。」

「真的假的，不要留下爛攤子給主任。」教導主任是半信半疑。

「如果主任錯失這個良機的話，不要後悔喔！」大雄利誘教導主任。

「好吧，看在你電腦很厲害的分上，姑且相信你，我們學校見！」教導主任被大雄說服了。

教導主任來到學後，把教師室的門打開，讓大雄進來核對所有電腦，最後查出被駭的電腦竟然是學校的成績管理系統。

「這台電腦是學校的成績管理系統，該不會有人篡改成績吧？」教導主任說出他的專業判斷。

「請問主任，凌晨一點會有人登錄使用這台電腦嗎？」大雄問。

「不可能，雖然學校裡重要的伺服器不會關機，但大家都下班了，不會有老師這麼晚加班的。」

「大雄，你看這個成績管理伺服器留下的記錄，這個人的成績變成了高分。」Giya 說道。

大雄緊盯著螢幕一看，簡直不敢相信自己的眼睛，竟然是小安。

「主任，是小安入侵成績管理系統，並且篡改了他的成績。」大雄緊張地說。

「大雄，你會不會搞錯了，還是為了報仇，隨便找個人當替死鬼？小安是你的同班同學呢！」教導主任追問。

「主任，我也不敢相信，但證據在這裡，不得不信！」大雄理直氣壯地說。

「更不幸的是，從電腦的記錄來看，是從某家政府研究機構的電腦入侵進來的。」大雄接著說。

這時，Giya 突然大叫：「這家政府研究機構，正是發行蛋白妹貼圖的公司！」

大雄一聽，也隨著 Giya 大叫一聲「哎呀」，結果教導主任更是大叫一聲。

「哎呀，這麼巧，剛好我的高中同學在這家政府研究機構上班，職位很高，我跟他交情好，他會給我面子，幫你找到資訊聯絡人的。我也想知道這駭客是誰，幫我把他抓出來，我要好好教訓他，竟敢在我們學校撒野！如果是你亂說的話，也會處罰你的！」教導主任緊握拳頭，臉上一副威嚴的樣子，準備要給人好看。

有了教導主任的幫忙，很容易就找到這家政府研究機構的資訊聯絡人，大雄馬上到被駭電腦的辦公地方。

「你們這台電腦有機密文件資料及重要數據庫，看起來有部分資料都已外洩到特定網站了。」大雄跟資訊聯絡人說。

「不會吧，我最近才加裝資訊安全軟體，難道這麼快就被駭客破解了？」資訊聯絡人有點不相信。

「我剛發現一個文件被駭客貼到一個公開網站，是可能會引起大家討論的重大新聞。」Giya 跟大雄說。

「『空氣充電手機：利用空氣中的氧氣或二氧化碳來充電！』這是你們機構最近研究的案子嗎？」大雄問。

「真是糟糕，這是重大的機密，還好製作的方法被我們放在另一台加密的伺服器，被公開的資訊不是最核心的，萬一空氣充電手機及其他相關手機研發機密被公布，我的工作就不保了。」資訊聯絡人搖搖頭說。

這時大雄迫不及待地問：「請問，蛋白妹的貼圖跟你們有關嗎？」

「唉呀，我才想起來正要跟你說，蛋白妹的貼圖是我們公司的行銷公關，這次研究機密檔資料被駭，以及蛋白妹的貼圖認證被駭，其實都是相同一件事，害我們這次形象受損嚴重。只是那台存放貼圖認證的電腦，已經被我重新格式化，你才沒查到。」資訊聯絡人搖搖頭說。

正想安慰資訊聯絡人的大雄，此時又在耳邊聽到 Giya 的驚叫。

「不好了，你看這電腦記錄，是小安的電腦，加上他篡改學校成績，他應該就是主謀了。」

Giya 追查駭客的來源。

「太不可思議了，怎麼又是小安的電腦！」

跟資訊聯絡人報告追查結果後，大雄的手機響了，是教導主任打來的。

「好小子，我同學誇你是電腦天才，幫他們一個大忙！」教導主任在電話那頭說。

「沒有啦，這是我應該做的。」大雄客氣地說。

「我同學叫豐耶愛，他說如果你畢業時沒工作可以找他，他會幫你安排一個好位置。」

「不用啦，可是主任您不要驚訝，是小安的電腦駭進這家政府研究機構，而且他又篡改學校成績，意圖明顯，應該跟他有關。」。

「我相信你的能力，也會跟小紅老師說明這件事，會請她去調查。」教導主任前倨後恭，態度一百八十度大轉變，變得相當和善。

「謝謝教導主任。」

「好小子，請問你有沒有女朋友？我女兒在舞蹈社學芭蕾舞，有機會認識一下。」

「謝謝主任的好意，您女兒早就聲名遠播，她是多才多藝的學妹，但我已經有女朋友了。」

「真是可惜，我想你們一定很談得來。」教導主任再一次被大雄 K 臉，真的好沒面子。

就在大雄用「有女朋友」的藉口，擋下教導主任的交往提議時，也順利追查到駭客的最後蹤跡。

本章註釋

① 殭屍網路（Botnet，亦譯機器人網路）：是指駭客利用自己編寫的分散式阻斷服務攻擊程式將數萬個淪陷的機器，即駭客常說的傀儡電腦，組織成一個個控制節點，用來傳送偽造封包或者是垃圾封包，使預定攻擊目標癱瘓並「拒絕服務」。通常蠕蟲病毒也可以被利用組成殭屍網路。（資料來源：維基百科。）

② ＳＱＬ攻擊（ＳＱＬ injection），簡稱隱碼攻擊，是發生於應用程式之資料庫層的安全漏洞。簡而言之，是在輸入的字串之中夾帶ＳＱＬ指令，在設計不良的程式當中忽略了檢查，那麼這些夾帶進去的指令就會被資料庫伺服器誤認為是正常的ＳＱＬ指令而執行，因此遭到破壞或是入侵。（資料來源：維基百科。）

③ Command and control server（C&C伺服器）：負責管理控制整個 botnet 殭屍網路的伺服器，並將駭客的指令傳遞給殭屍網路受害端。

20

傀儡駭客

大雄回到家後，對小安能駭進別人的電腦，心中的直覺是不可能，但是證據確鑿，他不知該如何解釋。

「怎麼又是小安？我不覺得小安的電腦技能有這麼專業，甚至都超過我了。」大雄摸著頭，實在不解地問。

「我也覺得很奇怪。」

「駭客是小安？還是他跟駭客有關係？或者小安也是受害者？」大雄推測各種可能。

「我們之前追查過小安的電腦，對方是否借此來反追查我們呢？」

「有可能，但是為什麼駭客要入侵宜蓁的電腦呢？」

「這表示駭客可能知道我們跟宜蓁有關係。」

「如果駭客的目標是我們，那他的動機是什麼？」

「是不是要報復你呢？」

「小安還虧欠我，怎麼可能要報復我呢？」

「大雄，對不起，我有一件事瞞著你。為了幫你出一口氣，我曾盜取小安的帳號，去詐騙他的同學和朋友，可以原諒我嗎？」

大雄一聽很驚訝：「那為什麼連我也詐騙呢？」

「這樣你才不會起疑心，也可以騙過小安，並且當小安的英雄，兩全其美！」

大雄心理想著，或許手機的世界是0與1組成，是非分明，所以才會想要替我出氣，應該要原諒她，順便藉此機會教育她。

「Giya，如果妳想當人的話，在人類的世界裡，對朋友要『寬恕』而非『報仇』，子曰：其恕乎！己所不欲，勿施於人。」

「我知道錯了，請原諒我！」Giya 用敬禮的方式向大雄道歉。

「這件事就算了，希望妳能夠學習做人處事，上次說妳是手機，不能跟我們比，算我錯，那我們就互不相欠，扯平了。」

「那真是便宜你了！」Giya 有點不甘心

「我們一定要查出這駭客的動機是什麼？除了針對我們之外，另外他也去駭了手機廠商網站及政府手機研究機構，案子似乎沒那麼單純，所以我要去問小安，他到底怎麼了？」大雄話鋒一轉。

「如果這件事對他有利害關係，或者基於某些因素，他不願意說實話呢？」

「我現在掌握了兩個事件的有利證據，同時可請學校重新調查作弊的事，可以用此逼他說實話。」

「嗯，希望早日還你清白。」

「對了，上次你跟教導主任說，你已經有女朋友了，我可以知道是哪位嗎？」Giya 很緊張地問大雄。

「哈哈，是妳，不行嗎？」

「我是你妹妹，不是你的女朋友。」

「如果不這麼說，我可以脫身嗎？」

「那你是把我當藉口了？」

「妳剛才不是說，妳是我妹妹，為什麼還在意？」

「大雄，你……你……你……」

小紅老師今天上課時，對同學們說，教務處查出成績遭到篡改，根據資料顯示是我們班某人所為。學校給三天的時間，若這位同學能夠自首的話，會酌情處理，請這位同學自愛。

等了三天之後，這位同學還是沒有出現，最後小紅老師請小安到輔導室談談。

小紅老師：「小安，找你到輔導室來，你知道是什麼事嗎？」

小安假裝不知道：「老師，我不知道為什麼找我來？」

小紅老師把小安期中的考卷和學校列印出來的成績比對，在電腦的分數每一科都高出很多。

小紅老師說：「請你告訴我，這是為什麼？」

小安：「搞不好是學校電腦有問題，把我的成績輸入錯了。」

小紅老師生氣地說：「怎麼可能這麼巧，全校只有你的成績，而且是全部科目都錯。我們查過電腦，在深夜一點時，你的成績被篡改，那個時候學校不可能有人辦公的。」

小安不說話了，只是看著小紅老師。

小紅老師又問：「散播宜蓁自拍裸露照及散播魔敗樂團不實謠言的人，是不是你？」

這時小安頭低下去，不發一語。

小紅老師：「還有，高一下學期的期中考，用手機和電子手環作弊的人，是不是有你？而故意在學校社團上散布不實作弊謠言陷害大雄的，也是你吧？」

被小紅老師掌握所有的事實，這時的小安又更加安靜了。

這時，大雄走進了輔導室，看到小安低頭不語，他上前拍拍小安的肩膀，停了一會兒說：「其實我有一句話藏在心裡，一直沒跟你說，就是謝謝你給我一個機會，讓我有創意地寫出手機ＡＰＰ，將手機及智慧手環連線。」

小安原本以為大雄是來對證的，沒想到大雄是來感謝他、安慰他，相對於他陷害大雄，實在是太慚愧了。一想起大雄還是他國中網路電玩死黨，小安不自主地抱著大雄哭訴說：「我對不起你、宜蓁和小英！」男兒有淚不輕彈，這一哭小安的情緒就發洩了，而此時的心防也就鬆懈下來了。

小安一邊掉眼淚，一邊向小紅老師點頭承認說：「老師，我錯了，篡改學校成績的人是我；散播宜蓁自拍照及散播魔敗樂團不實謠言的也是我；另外，散播謠言陷害大雄作弊的還是我。」

這時小紅老師拿出大雄給學校的證據，上面有入侵四台電腦的時間及記錄，非常清楚，可作為犯罪的證據：「既然你承認是你做的，你說說看，如何入侵這些網站及為什麼要入侵，你的動機是什麼？」

小安一五一十地說：「我是在一個地下駭客網站學習利用駭客的工具及方法，去入侵特定的網站。這三事件有不同的動機。第一件：在學校社團上散布不實作弊謠言陷害大雄，一是嫉妒大雄的成績進步；二是自己用了大雄寫的ＡＰＰ，反而沒弄清楚燈號數字考得太差，就怪罪大雄；三是已有人檢舉，乾脆一不做，二不休，來個先下手為強。」

大雄有個疑問：「可是學校認定我是作弊後，為何你還要幫我說話？」

小安慚愧地說：「這是掩人耳目的做法，如果不這麼做，搞不好你會相信檢舉的人或散布謠言的人是我。」

小紅老師：「那檢舉的人，是你們五個作弊的人之一嗎？」

小安搖搖頭說：「不是，應該是有看到我們作弊的人。」

小安接著說：「後來我的帳號被駭，被駭客拿去詐騙同學及朋友，我自己查出是大雄的電腦，所以我才駭進宜蓁的電腦，引誘大雄來找我。」

大雄說：「不好意思，這件事不是我做的，我也是後來才知道，有駭客用我的電腦來駭小安。」

小安：「我威脅宜蓁，如果她不幫忙票選及散播魔敗樂團的謠言，我就要公布宜蓁自拍的裸露照。沒想到，她心腸軟，只願幫忙用匿名方式來票選魔敗的最佳歌手，但不願意散播謠言，所以我才公布她的自拍裸露照，這是第二件事。」

小紅老師說：「小安，這樣對宜蓁太殘忍了，一個女孩最在意她的聲譽，她一定非常難過。」

小安：「老師，我真的錯了，對不起宜蓁。」

小紅老師說：「第三件事，為何要入侵電信公司及政府研究機構呢？」

這時小安說不出話來，似乎又有難言之隱，大雄見狀說道：「小安，這裡沒有別人，請放心說。」

小安這時吞吞吐吐：「老……師、大雄，這件事要幫我保密，不然我怕駭客報復我。」

老師拍拍小安的肩膀說：「老師給你當靠山。」

「其實我是請一個地下駭客組織幫忙，他們眼線眾多，萬一被他知道，可能會有生命危險，我只能說那不是我幹的，他們也幫我入侵學校電腦。」

「你需要老師在偵九隊的男朋友幫忙嗎？」

「目前不需要，謝謝老師。」

「小安，我會報告給學校教評會，請學校酌減處罰，老師也會暫時保密這件事，並且不公布處罰。」小紅老師說。

小安：「謝謝老師。」

學校也盡速召開了校評會議，針對一、入侵學校電腦，篡改學校成績，讓自己期中考成績變高分；二、散播宜蓁自拍裸露照及散播魔敗樂團不實謠言；三、在學校社團上散布不實作弊謠言陷害大雄及自己考試作弊，經過三小時的討論後，由於這三件事情節重大，原先是要記三個大過退學，不過由於小紅老師的求情，給小安一個機會，決定將小安記大過二個，留校察看，其餘作弊的五個人，分別記小過處分，但未加公布。最後，學校還宣布智慧手環作弊與大雄無關，還大雄清白。

因為這三件事，小安怕鬧得太大，被駭客知道，就轉到別的學校就讀。

小安在學校的最後一天，親自向大雄、宜蓁和小英道歉：「都是我的錯，害大家受苦了。」大雄不捨小安轉學：「兄弟，還記得我們國中時一起打電玩遊戲嗎？有空回來再一起玩好漢聯盟。」

「哈哈，一言為定！」兩人握手相約。

說完，小安把大雄帶到旁邊說：「告訴你一個祕密，上次教我駭客工具的人，他的名字叫**Hank King**，他說上次駭我電腦的病毒，是他一年前寫的，他跟我一樣要把這駭客找到。而這駭客就是駭進你電腦的人，你自己要小心，他一定會有進一步的動作。」

大雄不解地說：「難道Hank想黑吃黑嗎？」

「這是我在地下駭客組織的帳號及密碼，希望對你有用。」小安遞一張紙條給大雄。

「各位再見！」小安邊走邊向大家揮手致意，慢慢地，他的身影消失在大門口。

跟小安告別之後，大家回到教室，下課時間，小米粉看到手機的付款APP，差一點暈倒。

「我怎麼會花這麼多錢，回去一定會被我老爸、老媽罵！」

小蘋果在旁邊看了一下，把帳單念了出來。

「凌晨三點三十分在便利商店買了茶葉蛋一顆，共四百元。」

「天呀，妳買的茶葉蛋是什麼天蛋，是蛋白妹3D公仔嗎？竟然一顆四百元！」

小米粉很難為情，上次手機被綁架，這次又無緣無故付款，她無助地坐在椅子上，不知道該怎麼辦。

這時小蘋果心想，會不會跟上次手機被綁架一樣，她也會有不明帳單的問題，於是她檢查了帳單APP，沒有看見不明的帳單。這時也引起了書浣的注意，也檢查了自己的帳單APP，沒想到竟然出現一筆。

「凌晨一點二分在便利商店買了內褲十條，共一千元。」

結果被旁邊的同學看到，大聲念出來，同學們哈哈大笑：「書浣是半夜尿床嗎？買了十條內褲！」

還有的同學說：「是什麼樣的尿床呀？要十條內褲？」

這時大雄聽到大家在討論，就跑過去看書浣的帳單APP，這時書浣臉紅紅的，大聲說：「這不是我，這絕對不是我。」

大雄這時意識到問題有些嚴重，請班上同學趕快檢查自己手機的帳單ＡＰＰ，是不是有同樣的問題。結果有同學有不明帳單，有些同學沒有，而大雄自己也有一筆不明帳單。經過他的比對後，發現這些不明帳單全部來自「全世界電信公司」。

這時，大雄想到上次要幫「全世界電信公司」檢查內部網路，但被他們的資訊經理拒絕了，於是他直接打電話給這位資訊經理，幾次都沒接，最後接上了。

「喂，資訊經理您好，我是莊國雄，上次曾過去幫您檢查電腦被駭的事情，想請教您一件事。」

「我知道你想問什麼，對，我們內部網路也被駭客入侵了，小額付款的ＳＩＭ卡被盜用，已經請刑事局偵九隊調查，現在我們正配合調查、正在忙。」

說著，電話就被資訊經理掛斷了。

放學回家後，大雄看到手機及電視的新聞報導：「全世界電信公司」發生一件大事，有申請小額付款的ＳＩＭ卡（手機使用者識別卡）被盜，所有使用者小額付款，不約而同在一天之內，到一家空殼便利商店訂貨，然後付款到國外一家洗錢銀行，迫使『全世界電信公司』出面道歉，願意賠償使用者，損失金額目前估計二十億台幣以上。」

刑事局偵九隊李資豪警官調查後，接受媒體訪問說：「駭客用『持續性滲透攻擊』ＡＰＴ（註１），駭進了全世界電信公司，除了利用ＳＩＭ卡中的小額付款獲利外，也把全部ＳＩＭ卡的使用者資料盜走。為了確保個人資料安全，建議持有『全世界電信公司』的ＳＩＭ使用者，記得要重新申辦新的ＳＩＭ卡。』」

本章註釋

① 持續性滲透攻擊（advanced persistent threat，縮寫：APT）：是指隱匿而持久的電腦入侵過程，通常由某些人員精心策畫，針對特定的目標。其通常是出於商業或政治動機，針對特定組織或國家，並要求在長時間內保持高隱蔽性。高級長期威脅包含三個要素：高級、長期、威脅。高級強調的是使用複雜精密的惡意軟體及技術以利用系統中的漏洞。長期暗指某個外部力量會持續監控特定目標，並從其獲取數據。威脅則指人為參與策畫的攻擊。（資料來源：維基百科。）

21

駭客爭奪戰

在十六年前，莊昭勝、王漢克及豐耶愛三人是資訊工程研究所同學，當時三人簡直是系上的風雲人物。他們為一小組，參加國際電腦程式設計比賽，常獲得冠軍，但是有瑜亮情節的王漢克，總認為他是最厲害的。

大學聯考官網最近時常被駭客入侵，由於入侵的手法隱密特殊，找不到有效的方法防範。不久之後，有一家知名補習班私底下販賣大學聯招試題。這件事被就讀高二的大學聯招會主委的兒子知道，向這家補習班買了一份一萬元的聯招試題。沒想到這份試題，跟兩週後大學聯招的試題一模一樣，於是大學聯招會主委控告這家補習班，補習班承認用三十萬向駭客買了這份試題，原因是這名駭客入侵大學聯考官網，透過實體郵件方式證明給補習班看，取得他們的信任，之後要求付三十萬元買這份大學聯招的試題。結果消息公布後，還有三家補習班買單。

由於距離大學聯考只剩兩星期不到，如果查不出來，這次大學聯考會產生重大危機，於是大學聯招委員會一方面宣布說：「大學聯招試題會重新設計考題。」引誘駭客再度入侵。另一方面委託當時最厲害的程式設計高手，也就是他們三人來調查，但王漢克因課業繁重，推辭掉這份工作，於是由莊昭勝和豐耶愛展開調查。

在大學聯招的資訊中心裡，莊昭勝和豐耶愛二人正在努力搜集駭客入侵的證據。

「昭勝，查了半天，找不到 Windows 2000 的伺服器有什麼異狀，真傷腦筋。」耶愛抱著頭說。

「我也是，在電腦記憶體和執行的程式找不到任何蛛絲馬跡。」昭勝搖搖頭說。

「對方是不是透過其他管道，把試題帶出去的？」耶愛說。

「我們再查查是不是有隱密的地方。」昭勝說。

「昭勝，好奇怪，在系統下有一個檔案，竟然名字跟系統檔案一樣，只是一個是英文字母的O，但它是數字的0。」耶愛有了發現。

「耶愛，我查了Windows登錄檔中的機碼及值，發現利用自動排程，只會在凌晨一點執行這奇怪的檔案，並且六點以前會自己殺掉自己。」昭勝說。

「難怪我們一直查不出來，駭客用檔案名稱偽裝成系統檔案。」耶愛恍然大悟。

「我查了這程式的連線情形，竟然連到了某家網路咖啡店，我想這一定是被當成跳板電腦，我們需要實地去查。」昭勝說。

到了二十四小時營業的網路咖啡店，詢問老闆是否有發現特異的人來上網，卻得不到任何線索，於是他們自行調查這台入侵的電腦。

「沒錯，這台入侵大學聯招的電腦，本身也被駭了。」耶愛嚇一跳。

「不過更驚人的是，這入侵電腦的網址是我們學校。」昭勝也被這事實驚嚇到。

「昭勝，你累了嗎？這怎麼可能，難道我們學校出了駭客？」耶愛不相信。

「走，回學校，我有預感，明天凌晨一點，這駭客一定會使用電腦，我們一定要抓到他。」昭勝說。

凌晨一點，學校的宿舍還是燈火通明，許多學生還在連著網路，玩遊戲、寫功課。

「一點了，我們查一下那部連線到網路咖啡店的電腦上了嗎？」耶愛說。

昭勝查了防火牆的連線，找到一部正連線到網路咖啡店的電腦。

「這次應該可以去逮人！」昭勝興奮地說。

沒想到一進入宿舍，竟然沒人使用這台電腦，看來這台電腦又是跳板，被遠端駭客操控。於是，昭勝跟耶愛再去查連線，不由得大吃一驚，發現竟然是他們資工研究所的電腦。

兩人立即跑到資工研究所的電腦教室，看見有一位學弟在裡面。

「你在使用這台電腦嗎？」耶愛問。

「對呀，因為晚上跟同學狂歡，發覺明天作業都還沒寫，所以我才到電腦教室準備寫作業，看到這台電腦沒關，就直接用了。」學弟說。

「那剛才誰在用？」昭勝著急地問。

「我進來前，在電腦教室外跟漢克學長擦身而過，怎麼啦？」學弟說。

「果真是這台電腦駭進大學聯招的電腦，駭客利用它去偷取試題，你看程式還在運行，試題也正在下載中。」耶愛說。

雖然沒有當場抓到駭客，但聽學弟說，漢克在教室外跟他擦身而過，二人簡直不敢相信，一直以來他們三人都是一起併肩作戰，打遍天下無敵手，沒想到這名駭客竟可能是自己最親密的戰友。於是，他們把這件事報告給老師。

老師在人證及物證確鑿的情況下，把王漢克請到輔導室面對面溝通。

「漢克，有學弟做人證及有電腦的物證顯示，是你駭進大學聯招的電腦系統，偷取大學聯招試題，你有什麼話好說？」老師問。

「老師，是昭勝和耶愛嫁禍給我，我沒有偷取大學聯招試題，我是冤枉的，請老師相信我。」王漢克辯解說。

「這是什麼呢?為什麼在你的寢室搜到試題?」老師指責道。

「這是別人嫁禍給我的!」王漢克一再解釋。

「證據都在此,再狡辯也沒有用,等學校校評會做處分吧!」老師感嘆地說。

果真如老師所說,學校校評會很快做出處分,以入侵及竊取大學聯招試題,嚴重破壞學校校紀及名譽,證據確鑿而沒有悔意為由,記王漢克三大過,在研究所畢業的前夕,開除學籍勒令退學。

王漢克從此發誓,此仇不報非君子,從最親密的戰友,到後來跟昭勝和耶愛反目成仇。

沒多久,地下網路出現一位頂尖高手叫 Hank King,把一個可以快速感染電腦執行檔,放在一個病毒討論區,看誰寫的病毒厲害,沒想到引起許多人測試並散播,造成許多電腦快速感染。結果在四月一日愚人節這天,把全世界上千萬台電腦的硬碟通通摧毀掉,全世界電腦損失慘重,稱為電腦的世界末日。這一戰讓他在駭客界聲名大噪,之後他開始寫病毒謀利,利用這些病毒去加密被害人的檔案,要他們付贖金之後,才能解密復原這些檔案。更多的不法業者,委託他去竊取競爭對手的商業機密,付一筆為數可觀的報酬。因為他的技術高超又超有人氣,許多地下駭客也都向他請教,追隨者越來越多。

於是,Hank 組織了一個 Bananamous 的駭客組織,分為六大部門:

一、惡意病毒程式製作:研發各種新型態病毒和系統漏洞,並測試防毒軟體是否可以查殺到這病毒,決定保留或淘汰。

二、金流買賣平臺:負責各種產品及服務定價,接洽買方及議價,最後由這平臺付錢給參與案子的駭客，保管比特幣（註1）錢包及密碼。

三、雲端伺服器儲存戰利品：將駭客取得的檔，或病毒自動化取得的檔，上傳至雲端伺服器儲存，藉以賣出這些商業機密。

四、殭屍網路攻擊：利用這些殭屍電腦組合而成的網路，透過 DDoS 分散式阻斷服務攻擊，使目標電腦的網路或系統資源耗盡，使服務暫時中斷或停止，導致其對目標客戶不可用。

五、發送病毒程式：利用這些殭屍電腦組合而成的網路，發送釣魚郵件（註2）或垃圾郵件，使對方中毒被控制；或者竊取帳號、密碼；或者只是單純的廣告垃圾郵件。

六、竊取商業機密：入侵受害者電腦後，在受害者電腦竊取商業機密，而且是持續性入侵與竊取。

這六大部門，分散在全世界各地的網路上，每一個部門都有一位主要負責人，構成完整的地下商業模式，宛如一個巨大的地下數位犯罪集團，每天不斷運作，這幾年來賺的錢已多到數不清。

兩年前，智慧手機非常興盛，由於市場逐漸飽和，已無太多利潤可賺或者已賠了不少錢，手機廠商無不想盡辦法，創新他們的手機。有一家手機製造商叫 Artificial Intelligence Handphone 簡稱ＡＩＨ，為了取得競爭優勢，正在　發一款新型的人工智慧手機，雖然保密到家，但不幸消息走漏，引起其中一個競爭對手眼紅，委託 Bananamous 組織去竊取人工智慧研發的商業機密，代價是五十萬比特幣，相當於當時台幣七十五億（1BTC：15,000TWD）。如果三個月沒有達成的話，要賠十萬比特幣（Bitcoin），金流的負責人 Golden 覺得時間太短，風險太大，但 Hank King

覺得可以做，他立刻召集各部門負責人討論，這些人聽到這筆買賣金額五十萬比特幣，無不垂涎三尺。除了Golden之外，全部無異議舉手通過，於是Bananamous組織展開了持續性滲透攻擊ＡＰＴ。

ＡＩＨ公司當然擋不住駭客的持續性滲透攻擊，電子郵件和系統漏洞都被駭客植入病毒、特洛伊木馬程式，許多手機的商業機密被偷走，幸運的是，找不到人工智慧的研發資料。在打聽消息下，組織發現原來人工智慧手機開發部門在獨立的園區內，沒有跟外界網路連線。迫於時間及罰款壓力，Hank派一個駭客，西裝筆挺、人模人樣，偽裝去做生意，順利進入到這個部門。

「請問您找哪位？」總機小姐在大門櫃臺問。

「我找你們的研發副總，我跟他約下午三點在貴公司見面，不好意思，現在兩點多，來得有點早，我可以先在會議室等嗎？」駭客問。

「我打電話問問。」總機小姐打電話過去，但沒人接，正在開會中。

「研發副總剛好在開會，要不你先在會議室等，請換證件並把電腦及手機等物件放在保管箱內。」總機小姐回說。

駭客通過安檢後，把手機和電腦放在保管箱內，進到了會議室。

這個時候，他趁機拿出小型網路連接器，破解並進入到這家公司的網路，並聯接外部的電信網路，讓駭客集團在外操控。

此時，在公司內部的駭客，把小型網路連接器黏在會議桌下，然後走出會議室，藉機要去車上拿東西，就逃走了。

等到三點時，研發副總開完會後，回覆總機小姐說：「今天沒有約見此人。」

但已經來不及了，駭客已經逃走了。

這時公司發現情況不對，開始動員全公司查緝，發現這名訪客的證件是假的，會議桌下黏有一台小型網路連接器，於是他們報警請偵九隊來追查，但為時已晚，這小型網路連接器已被駭客啟動自我毀滅，無法使用。

這次駭客組織雖然拿到了人工智慧研發資料，但是沒想到這些資料都已加密，無法解開。由於三個月的時間已剩下不到三天，Hank 只好用遠端視訊召開會議，商討下一步行動。

Hank：「趁著大家都在這裡，我直說了，這次客戶委託竊取人工智慧的研發資料已經到手，但是我們拿到的資料被加密，所以我建議派人綁架研發小組的人，逼他們把密碼說出來，要不然再過三天，我們會損失十萬比特幣。」

儘管許多人覺得不妥，但是大家你看我，我看你，就是沒人敢站出來反對 Hank 的建議，現場沉寂了一會兒，這時管理金流平臺的 Golden 起身說：「Hank，我們是做地下數位經濟的產業，本來就是在地下網路運作，來獲取非法利益，員警很難找到我們的。如果用暴力解決問題，那我們就不是地下網路駭客，而是明目張膽的黑道，到時候員警非抓我們不可。我們可以利用最後三天想辦法竊取，但綁架恐怕風險會更高。」

這時，另外五大部門的負責人紛紛站起來說：「對呀，我們覺得 Golden 說得有理。」

Hank 見大家都持反對意見，生氣地說：「Golden，你管好你的金流平臺，這個月的錢大家還沒領到，如果遲了會有你好看的！」

Golden 有大家的支持後，反駁說：「如果你不當著大家的面，承諾不用暴力解決的話，我就不發錢，讓大家餓肚子。」

Hank 惱羞成怒：「到底你是頭，還是我是頭，用不著威脅我！」

Golden「哼」的一聲就離開了。

由於綁架計畫沒有得到大家的同意，Hank 只好作罷。

不久後，有一位地下組織的人，偷偷向 Golden 通風報信：

「Golden，不好了，我聽說老大派人要追殺你，因為你破壞他在組織的威信，你趕快逃吧！」

「比特幣的錢包密碼在我這裡，量他不敢這麼做，只是嚇嚇我的，謝謝你的通報，我先去領錢。」Golden 說完後，為了以防萬一，他將比特幣的錢包密碼改成摩斯密碼，打包在一個 Hank 寫的病毒原始檔案中，再由編譯成程式編譯可執行檔，只有在執行這個檔案時，按下某一個 key，才會將摩斯密碼顯示。

「他萬萬也不會想到，密碼會藏在他最親近的地方，萬一我出事的話，就看有緣人吧！」Golden 自言自語地說。

這時，有蒙面怪客來到 Golden 這裡，亮出刀來。

「把比特幣的錢包密碼說出來，不然要你好看！」

「有話好說，不要衝動。」Golden 小心防衛。

蒙面怪客衝上前來，用刀架著 Golden 的脖子。

「說，還是不說？」

「我說，我說，請把刀子放下，不要使用武力。」Golden 苦苦哀求。

「在病毒裡……」話還沒說完，Golden 就轉身想奪刀，蒙面怪客一不小心失手殺了 Golden。

「Hank 這一生休想拿到密碼，哈……哈……啊……」Golden 說完就死了。

蒙面怪客把 Golden 說的比特幣的錢包密碼藏在病毒裡這句話，告訴了 Hank。Hank 立即對所有病毒進行查看，但是卻一無所獲，只好暫時擱置。接著，他集合各部門的負責人，請大家表決人工智慧手機的綁架計畫，因為比特幣的錢包密碼隨著 Golden 的死而無法取得，一方面大家為了錢；另一方面怕反對的話，下場跟 Golden 一樣，只好同意 Hank 的綁架計畫。

由於上一次的駭客實體網路入侵，已掌握了AIH公司的網路資訊，於是組織進行第二波的駭客攻擊，偵九隊也趁機反搜查駭客。駭客駭進了一個人工智慧型手機，但還是一無所獲，偵九隊隨即破獲駭客製造病毒的部門，瓦解並清除他們最重要的祕密武器——病毒。

Bananamous 組織在最後一天的期限下，派人去綁架AIH公司的研發人員，但是出了人命失敗了，最後也沒拿到人工智慧的研發檔資料。

本章註釋

① 比特幣（英語：Bitcoin），是一種全球通用的共識主動性加密網際網路貨幣。與採用中央伺服器開發的第一代網際網路不同，比特幣採用對等網路開發的區塊鏈，開啟了第二代網際網路的廣泛應用。比特幣具有匿名性和不受地域限制的特點，資金流向難以監測，將非常容易規避政府的監管，許多非法所得，都使用這種網路貨幣來洗錢，而且由於沒有中央管轄機構，使得比特幣的價值全仰賴市場決定，讓比特幣的匯率變動劇烈。（資料來源：維基百科。）

② 釣魚郵件（Phishing email），與釣魚的英語 fishing 發音一樣，又名「網釣法」或「網路網釣」，以下簡稱網釣）是一種企圖從電子郵件中，透過偽裝成信譽卓著的法人媒體以獲得如使用者名稱、密碼和信用卡明細等個人敏感資訊的犯罪詐騙過程。（資料來源：維基百科。）

22

一封神祕的信件

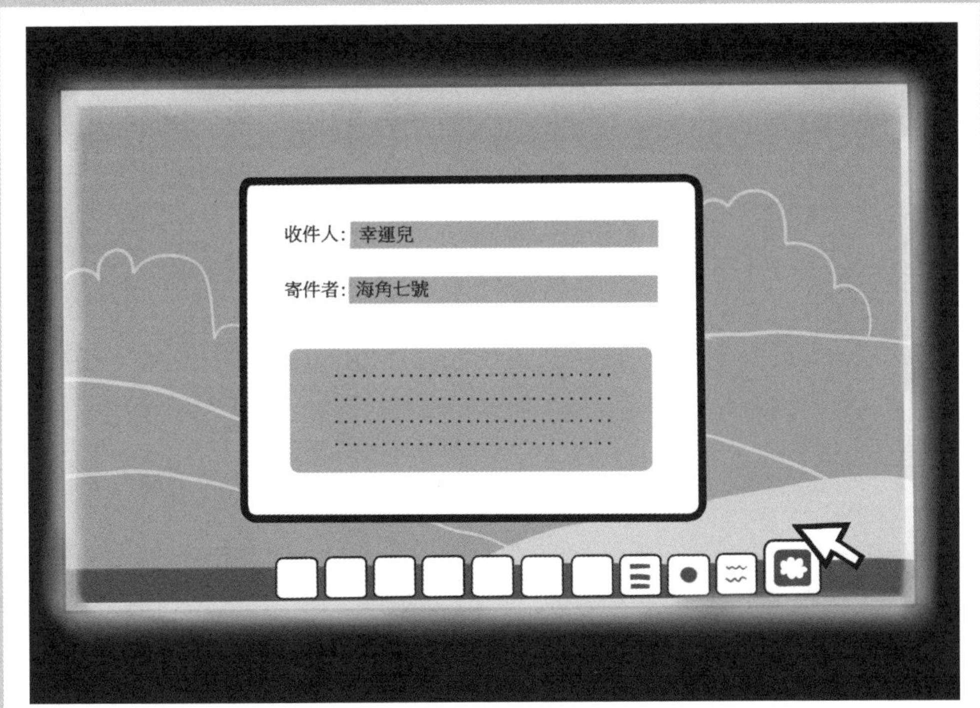

放學回家後，大雄把自己關在房間裡苦苦思索，這駭客到底在找什麼？還有其中牽涉到手機綁架及電信公司被駭，會跟自己追查的駭客有關係嗎？

正在煩惱的時候，突然電腦傳來新郵件的鈴聲，來了一封奇怪的信，大雄很謹慎地防範，怕中了駭客的奸計。

「這是一封正常信件，另外夾帶著一個檔案，檔案有密碼保護。」Giya 開口說。

「我該如何找到密碼？況且這封信來歷不明。」

「我已確認過信件是無病毒的，但是我解不開那夾帶的附件檔案。」

大雄此時盯著螢幕看，驚訝地發現，寄件者竟然是ＡＩＨ公司，而主旨是給人工智慧手機主人的一封信，但他又怕是駭客故弄玄虛來害自己。

「這封信應該是製造我的手機公司給你的。」

大雄疑惑地問：「可是他們怎麼會知道，我拿了妳這隻手機呢？」

「在我身上，可以追蹤你的資訊。」

「為什麼這時候寄給我呢？」

「我們可以看信的內容，或許信上會有說明。」

幸運兒你好：

當你收到這封信時，代表我已不在人間了。

這封信是設定排程後寄出的，我們是一家研發人工智慧手機的公司，名叫ＡＩＨ。很不幸地，我們被地下組織駭客盯上，生命受到威脅。在逃脫的過程當中，我們害怕人工智慧手機研發資料落入駭客的手中，情急之下把手機混入手機商店中，希望有緣人買走。

我們製造人工智慧手機叫 Giya Chiu，幾天前被駭客植入病毒，儘管我們清除了病毒，但相關研發資料都被駭客帶走並刪除了原始檔。但檔案都已加密，駭客沒有我們的密碼是解不開的。我們幸運備份了人工智慧研發資料，就在 Giya 手機的儲存體中。另外，我們研發人員在殺毒的過程中，用反組譯（註1）的方式，解回原始程式碼，查看如何清毒時，發現病毒檔案藏著摩斯密碼。我們懷疑跟這件案子有關，也都把它儲存在 Giya 手機中。

AIH研發副總

大雄讀完了這封信，覺得自己真的很幸運，能夠無意間透過媽媽給的生日禮物，得到 Giya 這支人工智慧型手機，但又不知如何幫助研發副總找出駭客，幫他報仇。另外，這封信可能寫得非常倉促，未能交代清楚整個事件的來龍去脈。大雄想解開附件檔案，自己嘗試猜密碼，如「一二三四五六」、「abcdef」等等，都失敗了。

他想現在最重要的，是如何利用這封信給的線索找出駭客。

大雄：「Giya，有沒有可能，害死這位研發副總的壞蛋與幫助小安的駭客有關？而這位駭客要的東西，就是這封信所寫的，一是摩斯密碼；二是人工智慧研發資料。」

Giya：「大雄，你的推理很有道理，駭客入侵電信公司和政府以研究機構的電腦，都跟手機產業有關，而且AIH是製造我的公司，也是手機產業。」

大雄：「是不是駭客看到什麼事件，跟ＡＩＨ公司發生的事有關？然後利用宜蓁當誘餌，故意布下陷阱，等我們上鉤之後，再反追蹤我們？」

Giya：「我想起來了，我上次不小心用了一年前駭客植入在我身上的病毒，去駭了小安，被認出來。」

大雄：「沒錯，今天小安也是跟我這麼說，駭客正在追查誰用這病毒駭了小安的電腦，那麼，這個駭客一定是ＡＩＨ副總所說的犯罪集團。」

「還有，這讓我想起來，最近駭客利用蛋白妹的貼圖，把手機的檔案上傳，並綁架手機，駭客一定是一方面用這個方法賺錢，另一方面查看你是否中毒，把儲存在你手機中的人工智慧檔資料上傳，一箭雙鵰，還好沒中計！」大雄鬆了一口氣說。

「贊成，我們現在就駭進他們的系統吧！」

「我們要比駭客更快，要先找到他們，以其人之道，還治其人之身。」

「這麼說，駭客一定會想辦法找到我們了？」Giya有點驚嚇地說。

「Giya是電腦駭客的剋星，一定知道密碼來解開這個檔案。」大雄故意好奇地插嘴。

「我真的不知道，或許你可以學習密碼學來破解。」Giya以一張無辜可愛的臉回說。

大雄有點小生氣：「哼，妳不是無所不能嗎？等我學完密碼學不知民國幾年了？」

大雄用小安的帳號潛進地下駭客組織，果真如小安所說，裡面有各式各樣教人製作病毒的工具，但由於權限不足，無法進入駭客核心系統。

「等等，這系統有一個未公開的漏洞沒有修補，我們可以駭進去。」Giya興奮地說。

果真沒錯，用了駭客工具滲透這未公開的漏洞，就潛入系統了，此時大雄和 Giya 都非常高興。

這時，駭客管理系統發出警報，第一時間通知了 Hank King：「報告 Hank，系統發現有人入侵。」

「用誰的入侵系統？」

「報告 Hank，是小安的帳號。」

「我早就料到會發生這種事，我們用這個當誘餌，找出他們是誰，在哪裡？」

大雄駭進系統後，在病毒製作工具區中查找著。

「製作一個假病毒，再把它放回去，如果駭客用的話，鐵定讓他們出包，你來搞破壞，我來分析系統，看看是否可以找到證據。」Giya 說。

「那我就寫一個警告這是病毒的程式，讓駭客駭不到人，反而自己損失。」大雄得意地看著 Giya。

「你看，這裡儲存著駭客的戰利品，也是偷來的資料，可是怎麼只能看一年前的？」Giya 驚奇地說著。

「大概是駭客網路保護周全，我們無法看到所有資料，雖然資料是過時的，不過我們找找看是否有犯罪證據。」

「不得了，你看，這裡有ＡＩＨ公司研發人工智慧檔，是被加密過的，跟我儲存的資料一樣，但沒有密碼打不開文件。」Giya 又在螢幕前大叫著。

「果然，ＡＩＨ公司的研發副總是被 Hank King 和這個地下組織害死的，我們一定要報仇！」大雄暗暗發誓。

這時駭客系統管理員向 Hank 報告：「透過反搜查入侵者的ＩＰ位置，他們很聰明地用了許多跳板，最終還是讓我鎖定了大致位置，但附近手機訊號有一百個左右，我無法辨別ＳＩＭ真正身分。」

Hank 在電腦前面盯著：「交給我吧，上次在你的電腦裝了追蹤分析程式，知道你的電腦裝有全世界電信的系統，現在我有「全世界電信公司」ＳＩＭ卡資料庫，還怕找不到你這支人工智慧型手機嗎？哈……哈……哈！」

「這邊有一個即將要發送病毒的排程。」Giya 眼明指著排程。

「我們來修改這個發送病毒的信件內容。」

「這邊還有一個大發現，所有殭屍電腦的資料都在這裡。」Giya 又發現了大祕密。

「看起來駭客一定是用殭屍電腦網路去發動 DDoS 攻擊，我們沒有權限控制，不過我們可以複製一份殭屍電腦網路作為證據。」

「事不宜遲，我們趕快複製，順便報警，我想駭客一定會追蹤到我們這台電腦，並且把我們斷線。」

大雄的電腦中，開始有複製的時間軸，隨著時間一分一秒過去，複製的時間軸開始有了進展，從一％、五％、一〇％、三〇％、五〇％……大雄和 Giya 緊張地盯著電腦螢幕，生怕這時被駭客發現。

終於一〇〇%複製完成，大雄和 Giya 總算鬆了一口氣，趕快拿著這些證據，前往刑事局偵九隊去報案。

與此同時，Hank 也查出在這台電腦旁邊的ＳＩＭ卡資料，註冊人為莊國雄，而且可以追蹤到ＳＩＭ卡的移動位置。

Hank 高興地說：「終於逮到你了！」

「老大，不好了！我們竊取商業機密小組剛用了一個新病毒，結果不但沒有攻破對方電腦的防火牆，對方電腦還自動發出警告說『我是病毒』，要注意電腦已被入侵！』要不是我趕緊刪除入侵記錄，將網路跳板斷線，早就被抓了。這一定是病毒製作小組在製作病毒時出了問題。」竊取商業機密小組向 Hank 報告。

「你們技術差就算了，不要誣賴我們，我們病毒製作小組都有良好的測試，不會出錯的。」病毒製作小組予以反駁。

病毒發送小組也開始告急：「老大，我們病毒發送小組，剛剛排程發送的病毒，信件內容被人修改，被人看成了笑話。

信件主旨：這是一封從駭客來的信，不要打開這封信，直接刪除。

信件內容：請大家不要上當，不要執行這信件中的附件，因為它是病毒檔。

「我知道了，趕快修復就好！」Hank 命令道。

「報……告……老大，還有更糟糕的事，我們儲存在雲端的那些一年前的戰利品，遭小安查閱。」雲端戰利品小組吞吞吐吐地說。

「我都知道！」

「報告老大，殭屍電腦網路的資料也遭小安複製了。」殭屍電腦網路小組說。

「我全都知道！你們現在只要恢復系統就好！」Hank 有些不耐煩了。

「老大，我們會不會有危險？他們把殭屍電腦網路複製，萬一報警的話，我們會吃不完兜著走的！」

「老大一定知道！」一位駭客說。

「我們要搶先員警一步，我現在正好在台灣，待會兒派兩位在台灣的成員跟我一起去。」Hank 胸有成竹地說。

「遵命！」

本章註釋

① 反組譯：就是想辦法把機器語言用反向操作的方式還原，成為原始的程式。

23

摧毀駭客地下經濟

大雄向刑事局偵九隊報案，把事情的經過一五一十說給員警們聽。偵九隊派出小紅老師的男朋友李資豪組成專案小組，另有刑警配合，負責整個案件，開始著手調查。

「電腦天才，你好，我叫李資豪，偵九隊的組長，負責這個案子。」李資豪握住大雄的手，自我介紹說。

大雄一聽到李資豪的名字，原本繃緊的神經頓時鬆懈了下來，他好奇地問：「久仰大名，請問你認識小紅老師嗎？我是她的學生。」

李資豪聽了哈哈大笑：「你除了追查駭客外，竟然還『肉搜』我，資訊安全人員最怕人家起底，下次碰到小紅時，我要好好調侃她一番，竟然教出一位資安高手。」

李資豪的同事笑著說：「你輸給這個小孩，台灣第一資安高手要讓人了。」

「真的要退讓給這位電腦天才了，一年前，我們偵九隊只攻入駭客的病毒製造部門，但只有病毒證據，找不到駭客是誰。這次大雄連主謀都知道了，他真是駭客的剋星！」李資豪搖搖頭，感嘆道。

「我們都應該退休了。」同事開玩笑地說。

「其實李警官很有名，上次我在新聞看到，你破解「全世界電信公司」被駭客入侵的方法，技術很高超。」大雄敬佩地說。

這句話讓李資豪臉上露出笑容，說到他的心坎裡。

突然間，大雄想起一件事，不由得大叫一聲：「不好了，之前我的電腦中了反追蹤的程式，一定是駭客看了我的電腦中有「全世界電信公司」的軟體，判斷Giya手機用這家電信公司的ＳＩＭ卡，然後駭客駭進了「全世界電信公司」，利用ＳＩＭ卡中的小額付款獲利，並且把全部ＳＩＭ卡的使用者資料盜走，最終目標是要鎖定並找到 Giya 手機。現在，駭客極有可能找到我們了！」

「先別慌，可否先讓我們看看你說的透過３Ｄ微投影變成人的手機嗎？」李資豪先穩住大雄恐慌的情緒。

這時 Giya 現身給大家看，大家都嘖嘖稱奇，對ＡＩＨ公司研發的人工智慧手機敬佩萬分。李資豪請大家保密，畢竟這是商業機密也是犯罪的證據。接著，李資豪請大雄到另一間會議室，關門密談了許久。因為大雄未滿十八歲，所以李資豪打電話給大雄媽媽，讓她瞭解這件事，也請她支持大雄協助偵九隊辦案。

沒想到大雄媽媽不但沒鼓勵大雄，反而臭罵他一頓，因為大雄沒有及早告訴她，讓自己陷入危險。希望大雄回來時，把 Giya 介紹給她認識，最後她總算願意支持大雄協助偵九隊把這件案子偵破。私底下，大雄媽媽拜託李資豪保護好大雄，李資豪也謝謝大雄媽媽的支持，以及提供他不少 Giya 手機的線索，案情似乎有更進一步的進展了。

大雄和 Giya 做完筆錄，把犯罪證據給偵九隊後，就坐車回家了。快到家門口時，路上出現兩名蒙面的黑衣人突然從後面抓住大雄，摀住他的嘴巴，讓他不能說話，之後拖進一輛廂型車，蒙住眼睛，綁住手腳，並且拿走人工智慧手機，然後開往一個祕密地方。

進入屋子後，鬆綁了手腳、摘掉面罩的大雄看到一位蒙面人正坐在電腦前專心工作。

蒙面人：「人工智慧手機呢？」

黑衣人Ａ：「老大，在這裡。」他把手機交給蒙面人。

蒙面人立刻用最純熟的技術，把在人工智慧手機中的摩斯密碼及人工智慧手機的資料，全部截取複製。

然後，他進入比特幣錢包頁面，輸入電子錢包的密碼，也就是存在 Giya 手機中的摩斯密碼。這個時候，他滿臉奸笑，露出雪白的牙齒，喜形於色地說道：「果真是這個密碼！」說完，刪除了人工智慧手機中的摩斯密碼和人工智慧手機資料。

大雄鼓起勇氣對蒙面人說：「一年前，是你派人綁架研發這款手機的副總嗎？」

蒙面人回頭看著大雄：「沒錯，誰叫他不把人工智慧研發資料的密碼給我，還去報警，我只好用武力解決，你現在下場也會跟他一樣。」

大雄對蒙面人駭客大叫：「你這個壞蛋，一定會有報應的！」

蒙面人笑著說：「哈……哈……哈，不知誰的報應會先到。既然你也快死了，再告訴你一個祕密，這位手機研發副總是我研究所的同學，當年要不是他跟另外一位同學揭發我入侵學校電腦，竊取大學聯招試題，我現在早就是科技業的名人了，哪裡會輪到他！這可以讓你死得瞑目了，你們兩個把他處理掉。」

這時，員警及時趕到門外，向屋裡的人大喊：「我們是員警，已經包圍整間屋子，不要做無謂的抵抗，放開人質，出來投降！」

黑衣人A：「老大，我們保護你，你先走。」

正當蒙面人想要逃走時，大雄撲向手機，不想讓 Giya 被蒙面人帶走。

在爭搶中，手機掉到一個縫隙裡。

這時，蒙面人朝大雄開槍，大雄轉身躲在一個櫃子裡，沒有被擊中。

蒙面人怕員警來脫不了身，趕緊帶著隨身碟的備份資料，跳出窗外逃之夭夭。

員警們衝了進來，與兩位黑衣人對決，一時間槍聲大作，最終，兩位黑衣人被員警擊中手腳後投降。

李資豪來到櫃子後面，扶起大雄，解開繩索說：「大雄，對不起，我們來晚了。把你們當做誘餌，冒這麼大的危險，是我不好。」

大雄驚魂未定地回答：「這是我答應你的，還好你們及時趕到，要不然後果不堪設想。」

這時大雄回神後，趕緊問：「Giya，妳還在嗎？」

「我沒事！」Giya 回答

「果真一切在李資豪警官的預料中，蒙面人駭客已把摩斯密碼及人工智慧手機資料拿到手了。」大雄搖搖頭說。

「請用新的SIM卡，這樣駭客就找不到你們了。」

經過這次綁架事件以及兩位被補的黑衣人做證，已確認此案為 Bananamous 地下數位組織所為，屬於國際重大案件，需要跟國際刑警組織合作。

在國際刑警組織的支援下，警方對 Bananamous 地下數位組織展開了行動。

第一，首先詢問各大網路業者是否遭受恐嚇及威脅，一開始他們都不敢說，怕被駭客發動分散式阻斷服務攻擊 DDoS 及公布他們使用者帳號及密碼，但在國際刑警的保護下，他們紛紛舉證，有些業者被恐嚇後，還得付出贖金，要不然駭客會公布他們使用者帳號及密碼。

因為時機未到，避免觸怒駭客，警方按兵不動暫時不宣布，等待時機成熟，一舉攻破駭客組織。

第二：在各國電信商的合作下，將駭客所控制的殭屍網路，當作發動 DDoS 攻擊的武器，在上網時，紛紛給予通知，限定一星期內安裝防毒軟體、修補作業系統及應用程式的漏洞，不然一星期後無法上網，以此消滅駭客的武器。

第三：資安刑警循著大雄手中掌握證據追查後得知他們整個作案手法，令這些資安刑警驚嘆不已。它猶如一個完整的商業模式，分為提供金流買賣平臺、網路儲存伺服器、惡意病毒程式、發送病毒程式、殭屍網路攻擊、竊取商業機密等等。同時查出這個地下數位犯罪集團的幕後老大就是 Hank King。資安刑警在追查的過程中，發現了一個驚人的事件，就是提供金流買賣平臺的負責人，早在一年前就被暗殺了。因為沒有資金的奧援，Hank King 才再一次大規模入侵電腦及攻擊影音、遊戲網站業者，勒索他們得到商業利益。

在大雄報警那晚，李資豪跟大雄在密室會談時，便料到大雄和 Giya 的身分已暴露，駭客一定會來找大雄，所以把摩斯密碼和人工智慧的商業資料都已備份在警局。當蒙面人存取資料時，其實也中了病毒，一種叫 keylogger 側錄程式接收會把鍵盤上所輸入的資料往警局傳送，當然也包括比特幣電子錢包的密碼。蒙面人倉皇逃走，沒有時間改密碼，警局裡的資安刑警立刻把密碼更改，蒙面人再也無法存取錢包；人工智慧的商業資料也被調包了，蒙面人再次被騙。

由於刑事局偵九隊掌握正確情資，又與國際刑警、全世界知名網站及各大電信商合作，一舉殲滅了地下駭客組織 Bananamous，許多駭客都在睡夢中被抓走，唯有狡猾的 Hank King 和一些餘黨在逃。為了避免打草驚蛇，警方決定暫時不發布新聞，而駭客經營的地下經濟徹底被摧毀。

24

空拍機趕鳥、彩繪 A 屁屁

由於Google、Apple、Yahoo、Facebook、YouTube及KKBOX等等，不再受到地下駭客組織Bananamous的威脅與攻擊，便又恢復提供免費的影音及遊戲，許多人都叫好。但又讓許多青少年及大學生開始拼命玩免費的手機、平板遊戲，觀看免費盜版電影和偶像劇。這再次引起許多專家學者在電視上辯論。最後，大多數的家長，希望小孩透過多元的學習、帶小孩去運動，有效的3C產品使用規範，讓小孩免於沉溺3C產品。但有些小孩似乎不太領情，紛紛在臉書社團留言說：「爸爸媽媽也常看電視，手機更是不離身，為什麼他們不以身作則？」

秋天到了，大雄想去伴讀的學校更換新的伴讀設備，讓遠端伴讀更有效率，但也想找同學一起去，於是放學後大家在魔敗樂團團練時，大雄開口邀請他們。

「小宇、小英和宜蓁，這個週末，大家一起去偏鄉國小伴讀好嗎？」

「為什麼要到麼偏遠的學校去？」小英好奇地問。

「這所國小位於嘉義縣義竹鄉，是玉米的故鄉，也是我爸爸的故鄉，由於務農生活不易，許多人口外移，有許多學校人數快不到五十人，再過一、兩年後，如果不滿五十人，就會被併校或撤校。我們不能讓這所歷史悠久的國小消失。」

「這很有意義，我要報名參加！」宜蓁舉手贊成。

「我們星期六晚上可以演奏小提琴，辦一場『蚊子音樂會』。」小宇說。

「Giya也會來嗎？」小英問。

「我也會去。」Giya透過手機，跟大家說。

大雄臉色鐵青，怕大家發現Giya是一支手機，但Giya已經答應了，只好順著話說下去，「她住南部，可以給我們當導遊。」

「真的好想見到Giya！」小英高興地說。

「那我們星期六見！」Giya說。

「Giya，妳不惜暴露自己的身分，隨便答應人家，是不對的！」大雄私底下用不高興的口吻說。

「我想跟他們在一起相處嘛！」

「都不瞻前顧後，後果妳自己負責，不管妳了！」

星期六一早，大家在學校集合後，開車前往義竹鄉，沿途看到美麗的鄉村風景，每個人都很興奮。不久抵達這所偏鄉國小，老師和學生剛好在學校打掃。

「大哥哥、大姐姐們來了，我們去迎接吧！」國小老師請小朋友們歡迎志工。

大家相互自我簡短介紹後，開始分配伴讀的小朋友。

「Giya怎麼還沒來？不是要來當導遊的嗎？」小英問。

「她睡過頭了，只能從家裡遠端伴讀了。」大雄無奈地回答。

「小英、小宇、宜蓁，不好意思，我晚上到。」Giya在手機上回答。

「神龍見首不見尾，每次想見妳，妳偏不到，不然就突然出現在校慶晚會上，今晚一定要好好瞧瞧妳這位美女的廬山真面目。」宜蓁說。

大雄幫忙換新的網路攝影機，更新遠端伴讀的系統。在與小朋友伴讀英文的過程中，Giya發現小朋友的英文聽說能力比較弱，學習機會較少，下課時就對大雄說：「大雄，我想做一個英文對話系統，讓小朋友能夠透過這個系統，跟電腦對話聊天，而且像遊戲一樣，可用拼圖方式練句型；句子從上面掉下來時，要即時讀完，不然遊戲會結束；一個句子電腦讀出來，要即時回答，才可得分等等。小朋友為了闖關，一定會越玩越喜歡，無形中提高了英文的聽說能力。」

「Giya 也是電玩高手喔，能想出這種鬼點子，小朋友一定很喜歡，就等妳的英文對話系統了。」大雄期待著說。

這時，大雄伴讀數學的小朋友阿吉，聽到大雄跟手機對話，好奇地問：「你跟這位姐姐在說話嗎？這支手機好特別，有許多漂亮的花朵，大哥哥一定很喜歡花喔！」

「不，阿吉，我比較喜歡草莓。」大雄笑著說，其實他是講給 Giya 聽的，結果 Giya 手機一直震動，把阿吉嚇一跳，以為是有人打電話給大雄。

中午吃完飯，大家跟老師和小朋友們拍照留念。下午，小朋友的家長邀請他們去農田裡參觀。大家從學校走到農田裡，這時大雄又遇到農夫志隆。

「小弟弟，真有緣，還記得我嗎？」志隆問。

「當然記得，您是志隆叔叔嘛，您在巡田嗎（台語）？」大雄好奇地問。

「你看這稻穗中的稻穀，都被麻雀吃掉了。」

大家將田裡的稻穗翻開一看，果真稻穀被啄得七零八落，麻雀竟然停在稻草人的頭上。大雄二話不說，用竹竿把監視電眼架起來放在稻米田中央，把空拍機放在稻田的角落。

「大雄，你要玩空拍機嗎？我也要試試看！」小宇好奇地問

「待會兒你就會知道！」大雄微笑著說

說也奇怪，這空拍機竟然會飛到有麻雀的地方，把麻雀嚇走，然後停在原來的地方。

大雄走到志隆叔叔身旁，借來志隆的智慧型手機，安裝了趕鳥APP。

「您看，您可以利用APP，設定幾分鐘讓空拍機巡田（台語）一次，上面有操控介面，甚至只要直接搖手機的方向，空拍機就會按照手機的方向飛行。」

「這麼厲害，我試試看。」志隆拿起手機去試試，越試越驚奇。

「電眼是三百六十度監視，一有麻雀來襲，會透過網路連線，通知空拍機去趕鳥。每天晚上帶回去充電就可以了，很省電的。還有，可以透過這趕鳥APP，操控空拍機，代替自己巡田（台語），而空拍機拍的照片，也會儲存在手機裡，可以知道稻米生長的狀況。」

「你說這是什麼？」

「趕鳥APP。」

「哦，是趕鳥A屁屁？」志隆搞不清楚。

結果小宇、小英和宜蓁都笑得東倒西歪。

他們也一起跟志隆玩起空拍機，在稻田裡，握著手機操控空拍機，手機向右揮，空拍機就向右，手機向上擺，空拍機就向上飛。隨著手機的操控，空拍機忽高忽低忽左忽右，從他們頭上呼嘯而過，大家都擺好姿勢，從空中拍起個人搞怪照及團體照。

大雄解決麻雀偷吃稻米的問題後，志隆趁著大家意猶未盡下，帶著大家去玉米田地參觀。

小宇看著這一大片玉米田，問：「種玉米一定很好賺吧？」

大雄聽到熟悉的問話，大笑說：「你是吃米不知米價。種玉米其實很辛苦，又很難賺，玉米粒一公斤才八元，不要賠錢就好。」

「大家要不要一起試種玉米看看呢？」志隆笑著說。

大家都覺得有趣，就換了簡便衣服，跟志隆一起種玉米，但沒一會兒，一個個汗流不止，大聲喊累。

「秋老虎真不是假的，下午的太陽還是那麼大、那麼熱，真想躲在冷氣房裡玩手機遊戲，真是活受罪！」小宇抱怨著說。

「我們來這裡的目的，是要玩手機遊戲嗎？」大雄反駁道。

兩個人的對談，惹得農夫們哈哈大笑。

志隆邀請大家去嶺岸坐坐休息，到達嶺岸上時，志隆跟大家說：「大家站在嶺岸由上往下看，會看到什麼？」

小宇：「光禿禿的，什麼也沒有啊？」

志隆：「再過三個月，我們種下的玉米種子全都茁壯成長，到時你候會看到一片片綠油油的玉米田，就會覺得我們的辛勞總算有了收穫，而且也會珍惜老天給我們的賞賜。」

宜蓁說：「這讓我想起一首詩。鋤禾日當午，汗滴禾下土。誰知盤中飧，粒粒皆辛苦。」

「對、對、對，宜蓁說出我心裡的話。那麼今晚在學校操場聚餐時，我來演奏小提琴，算是慰勞農夫的辛苦。」小宇低著頭表示慚愧。

「我來唱歌。」小英附和著小宇。

「我也拉小提琴伴奏。」宜蓁也附和著小宇。

「這不是大家今晚本來就要表演的節目嗎？」大雄吐嘈說。

「……」小宇、小英和宜蓁相視而笑，不知要說什麼。

這時，大雄來到嶺岸上走走，看著一望無際光禿禿的八掌溪河田，感嘆自己不會種玉米，但是他眼睛一轉，忽然變得胸有成竹的樣子。

「我們來彩繪玉米田！」大雄跟志隆說。

上次來這裡時，大雄就一直在想，有什麼可以幫助農夫的，於是他跟 Giya 討論後，設計出一個彩繪APP程式，也包含了趕鳥APP。

志隆不解地問：「什麼是彩繪玉米田？」。

「上次來的時候，因為無法幫助種田，提高生產效益，所以我想用美化玉米田的方式，吸引大家來參觀。」

「那要怎麼種呢？」

「下載這彩繪玉米田APP到手機或平板電腦，先在玉米田照相，然後在這張玉米田照片上畫你想要的字或圖，最後利用定位方式，拿著手機或平板電腦，就可以知道你所在的位置，這顆種子要不要種，手機會提醒你。」

「又是一個A屁屁？」志隆更加不解地問。

結果大家又是一陣大笑。

「那是手機或平板電腦的應用程式，我可以示範給您看。」大雄又借了志隆的手機，示範給他看。

「現在電腦會撿土豆，手機會種玉米（台語）。好是好，可是收成會少一點。」志隆說。

「彩繪玉米田可以帶動觀光，外縣市的人會來參觀，到時候你們可以賣東西給觀光客，會比賣玉米好賺。」

志隆覺得有道理，他想試試看，也問了其他農夫，要不要一起種，結果大家都沒有興趣。於是，大雄幾個人就先幫志隆來彩繪玉米田。

「最困難的拍照我先來。」小宇搞笑地說。

「我最喜歡塗鴉，我來畫一個簡單卡通造型的玉米。」宜蓁舉手說道。

「那、那、那，我只好種玉米種子了。」小英最後說。

大家一起在光禿禿的玉米田，拿著手機幫忙種玉米種子，汗水濕透了每一個人的衣裳，泥土弄髒了每一個人的身體。大家雖然很辛苦，但想到以後可以來看彩繪玉米田，都不知不覺地興奮起來，也就忘掉了勞累，覺得一切都是值得。

25

身分暴露

晚上聚餐前，大家都已在學校操場準備就緒，村民們帶來許多當地的特產，有玉米、洋香瓜和桑葚汁等等，都是他們精心準備的豐盛晚餐。

大雄趁著沒人注意，走到學校一處偏僻的地方，跟Giya討論今天要如何現身，而小英要拿東西給大雄吃，正四處找他。

「都是妳，隨便亂答應人家，今晚妳要是現身，很容易會被發現的。」大雄很傷腦筋地說。

「可不可以只現身一下，然後說有事就回家去了？」

「妳今天被人家罵得還不夠慘嗎？下次大家就會對妳的評價大打折扣，妳不是要學做人嗎？這下弄巧成拙了。要是被大家知道我們兩個人的祕密，不知道會引起多大的波瀾。」

「我就是想跟大家在一起，但沒想那麼多，待會兒我盡量低調，盡其所能不讓人家發現。」

這時，小英剛好偷聽到大雄跟Giya的對話，心中起了很大的疑惑，「知道我們兩個人的祕密」以及「盡量不讓人家發現」？難道大雄跟Giya是一對情侶，而不是表兄妹關係？

想到這裡，小英裝作若無其事的樣子，出現在他們面前說：「Giya，妳怎麼現在才來？」

小英的突然出現，把大雄嚇了一跳，Giya更是被嚇得花容失色，「啊」地大叫一聲。

「你們怎麼啦，看到我像看到鬼一樣，是不是做什麼虧心事了？老實交代！」

「沒有啦，是妳無聲無息地突然出現，嚇到我們了。」大雄不好意思地說。

「你們才是，鬼鬼祟祟的，像在這邊談情說愛，怕被人家知道的樣子。」小英醋意十足地說。

原本要拿玉米給大雄吃的小英完全不提了，更氣Giya在學校搶盡魔敗社團的風頭，現在又要搶她喜歡的大雄。

「小英，不好意思啦，是我不好，拖到現在才來。」Giya 向小英道歉。

「妳還會不好意思喔，不是最愛出風頭嗎？大家都在操場等你們，趕快集合吧！」小英說完後，三人就尷尬不說話，一起往操場跑去。

三人到達舉辦晚會的操場，家長和小朋友們都熱情地招待他們，給他們端來剛煮熟的玉米。大家像貪吃的小豬一樣嘴饞，不顧葉子裡的熱水，把玉米葉剝開就吃了起來，金黃的玉米，吃在嘴裡，又嫩又香。家長拿來透明的玻璃杯，倒滿紫色的桑葚汁，在昏暗的燈光下，像是品嘗高級紅酒的氣氛。大雄迫不及待喝了一口：「酸酸甜甜，真是好喝！」

「這不是戀愛的滋味嗎？大雄戀愛了喔！」小宇打趣道。

小英好像很生氣的樣子，拿起自釀的桑葚酒：「我要試試這桑葚酒。」說完，就大口喝了下去。

小宇沒見過小英這樣失態，想阻止也來不及，還好喝不多，但不一會兒，她的臉就紅了起來。

宜蓁見狀說：「小英，妳還好嗎？要輪到我們上臺唱歌了。」

「宜蓁姐姐，沒有問題的，再喝一瓶也不會醉。」小英有點微醺感覺，講話有點慢。

開始演唱了，小宇和宜蓁拿著小提琴，大雄拿起烏克麗麗，Giya 跟在大雄後面，大家一起走向升旗臺。

在臺上，小英的臉頰紅紅的，在燈光照耀下，既可愛又嫵媚。

「各位鄉親，多謝今晚大家的招待，義竹鄉的特產真正好吃，好久沒有吃到這麼道地、這麼健康的主食和飲料。」小英在臺上操著不流利的台語，緩慢說話聲，微醺的表情，非常好笑又迷人。

臺下的家長和小朋友們，被她不道地的台語給吸引，非常專注地聽著。

「陰暗（晚上），帶來這首歌曲，是頂港有名聲、下港有出名的〈雨夜花〉，希望大家會尬意。（台語）」

小英開始正式唱歌，Giya 幫忙和聲。

小英的歌聲悠揚動聽，小宇、宜蓁、大雄的精彩伴奏，Giya 悅耳的和聲，配合小英的主唱，恰到好處。

好久沒聽到這麼動人的歌聲，現場的村民們竟然都不再說話、不再吃東西，靜靜聽著歌聲。

這時，小英眼眶紅了，歌聲變得更加傷感，大家的心好像都被糾結住，唱到最後小英掉下深情的淚水，更是感動了在場的每一位村民。

歌曲結束時，大家還都沉醉在優美的歌聲和旋律當中，過了幾秒，才熱烈鼓掌。

這時，老爺爺（阿吉的阿公）突然站起來說：「水查某飲，妳唱歌真好聽，這首歌夥哇想起，我離婚A某，妳愛加油，給妳惜惜。（台語）」

結果，小英當場啜泣起來，老爺爺又說：「妳有什麼委屈嗎？達阿公共，我會替妳做主。（台語）」

小英哭著鼓起勇氣說：「今晚我要對一位男生告白，他人就在升旗臺上。」這時大家搞不清楚狀況，議論紛紛，之後大家好像很有默契一樣，目光不約而同轉到大雄身上。

「雖然他已有女朋友，但我還是喜歡他。」小英一把鼻涕，一把眼淚，啜泣著說道。

大家被這句話嚇到，眼神怪怪地看著大雄，好像他是負心漢一樣。

紅著眼眶的老爺爺走向小英，小英抱著老爺爺痛哭，老爺爺拍拍她的肩膀安慰她。

大雄覺得有理說不清，先走到小英身旁，想要解釋，但小英不領情，一手把大雄推開。

老爺爺對大雄說：「阿雄，感情這款待誌，要好好講，不通腳踏兩條船，像阿公按哩，吃老啊才知後悔，就沒付啊。（台語）」

大雄點點頭。

小宇面臨兩難，一邊是她妹妹，一邊是他的同學兼好友，只好先去安慰妹妹小英，宜蓁也跟著過去。Giya 知道小英誤會她和大雄的關係，但有口難言不能說出祕密，只好呆站在升旗臺上。

就這樣，今晚這場盛大的聚餐及歌唱音樂會，原本燈光美、氣氛佳，有美食、有悅耳的音樂及歌聲，但最後在小英的告白下，埋下了尷尬又神祕的句點。

村民們都回去後，Giya 獨自走在前面，後面大雄陪著小英走著，最後跟著小宇和宜蓁。大家不發一語，走在回宿舍的路上。

突然間，跑出一位三十歲左右的男子，冒出一句話：「剛才聽你們唱歌，我才相信網路的消息是真的，竟然會在這窮鄉僻壤遇到 Giya。」

Giya 嚇得花容失色地說：「請問你是誰，找我有事嗎？」

「妳很驕傲喔，之前請妳在『17』視訊陪吃飯，幫忙代言我家的豆菜麵及肉羹湯，但是被妳拒絕了。」他拿出豆菜麵及肉羹湯。

「我想起來了，實在對不起，當初因為時間排不開，但我有跟您說，有空時會跟您聯絡。」

「可是之後，我都沒接到電話。」

「是因為課業的關係，我關閉了『17』視訊陪吃飯。」這時Giya連接到網路，用臉部辨識找出此人竟然是她的粉絲「酒色鬼」，真名叫翁赳瑟，而且查出上次轉寄Youtube散播不實代言的影片，竟然也是他。

「一句話，要不要幫我代言？」

「請問上次在Youtube發布我代言的不實影片，是不是你？」

「老實告訴妳，就是我，誰叫妳太臭屁了，給妳一點教訓！」

這時，大雄替Giya講話：「先生，請您客氣一點，Giya沒有做錯什麼，當時她真的忙於課業。」

「到底要不要幫我代言？」

「不好意思，我已說過課業忙，不再代言了。」

「酒色鬼」從質疑轉為憤怒，把手中的豆菜麵及肉羹湯朝向Giya潑去。

Giya想要轉身躲開，但還是來不及，豆菜麵及肉羹湯穿過她3D投影身體，灑在地上。

「酒色鬼」看到這情形嚇一大跳，大聲叫：「看到鬼了，趕走啊！（台語）」他雙腿發抖趕緊跳上車，引擎噗的一聲，時速破百逃走了，留下了看呆的小英、宜蓁和小宇。

不知過了多久，大雄終於開口說：「對不起，瞞大家這麼久，請大家不要用異樣的眼光看Giya，其實Giya是一支人工智慧手機，是一家AIH公司製造的，我媽媽幸運買到送給我當作生日禮物。」

大雄又轉身對Giya說：「Giya，不要感到不好意思，我想大家會和之前一樣，同是好兄弟姐妹看待妳的。」

Giya 原本頭低低的，雙手緊抱著身體，不知該如何向大家解釋，聽大雄這麼說，她慢慢轉身面向大家：「宜蓁姐、小宇哥、小英妹妹，你們可以接受我這樣的身分嗎？」

宜蓁此刻終於恍然大悟，當初大雄在她家追查駭客入侵時，她就懷疑到底大雄在跟誰講話，這麼的神祕，現在她總算明瞭了。而此時小宇回想之前跟 Giya 見面都是在手機或在夜晚，現在總算真相大白了。

「真不敢相信 Giya 是一隻手機，我們一直都以為妳是大雄的表妹，或者是他的女朋友。」小宇驚訝地說。

「Giya 雖然是一支手機，但就像大雄說的，我們會把妳當作是我們的好姐妹。」宜蓁安慰 Giya，並且用手環抱著她。

「謝謝宜蓁姐姐，我是多麼希望感受到妳愛的抱抱。」Giya 兩行淚水流了下來。

小英想起她今晚任性的告白，誤會了大雄和 Giya 的關係，真想挖個洞躲起來，她不好意思地說：「對不起 Giya、大雄，都是我的小氣和嫉妒的老毛病犯了，才害你們今晚尷尬下不了臺，我的好姐妹 Giya，希望妳大人不記小人過。」小英也作勢環抱著 Giya。

此時，小英回想申請魔敗樂團時，手機那麼有默契，發出聲音提醒她；還有在校慶唱完歌後，Giya 馬上不見，原來這一切都是因為 Giya 是手機的緣故。

Giya 點點頭，也作勢拍拍小英肩膀，像是原諒小英一樣，相互打氣。

「不能怪妳，是我們怕引起不必要的誤會和麻煩，才用這種方式保密，請大家原諒。」大雄說。

「不能原諒大雄，我們應該罵他才對，不把我們當作朋友，不早一點告訴我們 Giya 的事，真不夠意思！」小英不依不饒。

小宇和宜蓁一起說：「對呀，該罵他、打他。」大家作勢要打大雄。

「不要打我，我這麼做是不得已的！」大雄抱頭怕被大家打。

「請大家原諒，我也好想跟你們一樣，一起上學、聊天、唱歌、看偶像劇。」Giya 回說。

「Giya，喜歡我的草莓吊飾嗎？」小英突然話鋒一轉。

「我超喜歡的，我跟妳說，比花系列衣服好看多了，謝謝小英。」Giya 高興又調皮地回答。

回到宿舍後，大雄一五一十地把這ＡＩＨ公司被駭，幸運拿到手機當生日禮物，在爸爸的靈堂遇到 Giya，收到ＡＩＨ公司的一封信，及如何破獲駭客集團 Bananamous 的經過說給大家聽，也請大家務必保守祕密。

「這是我有生以來，聽過最曲折離奇的故事了，簡直不敢相信這是真的。」小宇一副難以置信的表情。

「那個 Hank King 逃到哪裡去了？」小英擔心地問。

「聽李資豪說，他已潛逃去大陸了。」大雄回答。

「希望趕快抓到他。」

「嗯，抓到他，也可以幫ＡＩＨ公司研發副總報仇了。」大雄點點頭說。

「對了，那位老爺爺好像認識大雄，我聽他說就沒付啊！（台語）」Giya 突然問起這件事。

「說到老爺爺，我就很慚愧，他的孫子是我伴讀的小朋友叫阿吉，上次去他家看到他年輕的結婚照，問起老婆婆，結果引起他的傷心往事，他年輕時已跟老婆婆離婚。我答應幫他找，但老婆婆已改名，又不知她現在的模樣，臉書上找不到，要找她，比登天還難！」

Giya聽完大雄的話，臉上轉為期待的表情，並且如釋重負一樣，說：「等等，大雄先給我照片。我有一個辦法，設計一個人臉年齡APP程式，它可以從二十歲的臉，推估至一百歲的臉，然後我再用臉書的臉部辨識系統，就有可能找到了。」

「Giya，怎麼不早講，不然早就可以找到老婆婆了，照片在這裡。」大雄把相機中的照片給Giya看。

「我也想，但沒那麼容易，怕老婆婆沒有臉書帳號，而且這人臉年齡APP程式一直在修正，怕精準度不夠。」Giya說。

「請大家看這張大雄七十歲的照片。」Giya以人臉年齡APP，用大雄十七歲的照片，推算出他七十歲的樣子，然後給大家看。

這張照片雖然和藹慈祥，但歷盡滄桑、滿臉皺紋，從臉型來看像極了大雄的現在面貌。

「這人臉年齡APP真厲害，想不到大雄七十歲後竟長這樣？」小宇驚訝不已。

「Giya不公平，拿我開刀，現在換小宇，或者是小英、宜蓁。」大雄拿著手機要對準小宇他們拍照，結果大家紛紛閃躲。

「大雄，好了啦，不要鬧了，我相信老爺爺那麼有心，加上Giya這麼會利用科技，一定可以找到老婆婆，Giya加油！」小英說。

「嗯，另外為了跟大家誠心道歉，晚上我請大家騎單車夜遊。」大雄點點頭說。
「是你自己想騎吧？哪是請我們？沒誠意。但我也想騎單車夜遊。」小宇笑著說。
「不趁著年輕時多瘋狂一點，以後就沒機會了，青春不要留白！」大雄催促大家說。
「搞不好會留紅！」小宇潑冷水說。
「呸、呸、呸，又不是七月半，幹嘛說這麼不吉利的話。」宜蓁抗議小宇。
「還等什麼，騎車去吧！」小英等不及了。
「Giya 也跟我們一起。」宜蓁雙手伸出來，邀請 Giya。
「不行啦，她會曝光的。」大雄說。
「是走光吧？」小宇補這一句後，被大家追著打。
其實這是小宇的話中話，因為 Giya 是從 3 D 微投影的光投放出來的，類似我們換衣服不小心被人看見，叫做走光穿幫，是一樣的道理。
就這樣大家嘻嘻哈哈，一起準備騎腳踏車去夜遊村莊。

26

手機不見了

小宇、宜蓁、大雄、小英騎著腳踏車，在鄉間小路上閒逛，溫柔的晚風，輕輕吹拂著他們的臉，騎起來好舒服、好愜意。路邊草叢中小蟲的鳴叫聲，像是跟他們說加油，街道昏黃的燈光，像叮嚀他們不要騎太晚。但他們像是管不住的小孩，一直騎到馬路上。

「剛剛我們在小路都慢慢騎，不過癮，現在我們來比賽，看誰比較快。」大雄吆喝著大家。

「剛才看到大雄騎得肉腳，就想比試一下，想不到大雄先提議。」小英不服氣地說。

「哎唷，不錯喔，沒想到妹妹這麼有 guts，我還以為妹妹會說不要呢！」小宇說。

「你們都別吵，鹿死誰手還不知道呢！」宜蓁大聲說。

「大家安靜，我來當裁判。」Giya 毛遂自薦。

在 Giya 的哨音下，大家像是踩著風火輪一樣，騎腳踏車的速度像機車一樣快，一下子穿過另一村，一下子又回到街道。

正當大家全心投入時，忽然有幾隻大狗從後面追來，吠叫聲讓人覺得好兇惡、好恐怖。落在最後的大雄，被狗追到緊張得不行，一不小心，連人帶車摔進草叢裡，手機也被摔了出去。

大家趕緊剎車下來看大雄，而大狗們看到有人下車，反而逃之夭夭。

大雄站起來，強忍疼痛說：「沒事、沒事，還好有草叢擋著。」

「還說沒事，你看已經破皮了。」小英指著大雄受傷的地方。

「被狗這麼一鬧，見紅了，我就說嘛！」小宇說。

「小宇，不要幸災樂禍，就快到住的地方了，我們慢慢走回去吧」宜蓁說。

「對不起，我害了大家，我們下次來的時候，大家再比一次。」大雄說。

「你這位肉腳的大雄，先把傷養好再說！」小英說。

因為大雄受傷了，大家只好一起推著車慢慢走路回去，可是大家都只注意大雄受傷，忘了手機留在現場。

Giya 見大家走了，沒注意到她，開始大叫，可是誰都沒有聽到。

就這樣，大家掃興而歸，等回到學校宿舍時，大雄才想起來。

「糟糕，手機不見了，一定是剛才摔車時掉在現場，怎麼辦？」大雄緊張地說。

「我們打電話給她，就可以知道她在哪裡了。」小英說完就撥電話給 Giya，再把手機拿給大雄。

響幾聲後，Giya 接起來。

「喂，是 Giya 嗎？」大雄急迫地說。

「臭大雄，終於想起我來了！」Giya 裝作生氣地說。

「對不起，是我不好，因為我受傷了，一時情急之下，竟然忘了妳。」大雄不好意思地說。

「沒關係，我也想聽聽晚上的蟲鳴聲，你的腳受傷了，明天再來找我吧！」

「可是妳在外面，不怕被人撿走嗎？」

「不會啦，我在草叢裡很安全的，除非我想出現，不然沒人可以發現我的。」

「好吧，明天一早去找妳，妳要藏好喔！」

就這樣，Giya 在外面度過了一個沒有人陪的夜晚，數著夜空的繁星，數著數著竟然天亮了。

早上五點多，昨晚安慰小英告白失敗的老爺爺騎著腳踏車準備去種田。突然間，後面有一輛汽車呼嘯而來，將老爺爺和腳踏車撞飛了起來，幸好老天保佑，掉到十公尺外的草叢，就落在Giya手機旁邊。

這一幕被Giya看到，立刻把肇事經過及車輛拍了下來。她看到老爺爺倒在草叢好像昏迷了，便顧不得自己曝光的危險，大喊：「老爺爺醒醒！老爺爺醒醒！老爺爺醒醒！」

看到老爺爺叫不醒，怕他就這樣死掉，Giya情急之下說：「老爺爺不要死、不要死，我已經找到老婆婆了！」

這時候，老爺爺聽到Giya的說話聲，聽到找到他的前妻有了反應，發出痛苦的哀號聲。

Giya看到老爺爺有了反應，心中放下一塊大石頭，隨後，緊急撥了一一〇報警。

「喂，是警局嗎？我們這邊發生車禍了，有一個老爺爺受傷，請趕快派救護車過來！」Giya很緊張地說。

「位置在哪裡？」

「在一六三縣道上。」接線生一聽，差點暈倒，「一六三縣道很長，靠近哪裡？有特殊地標嗎？」

「在北緯二十三度十八分二十二秒，東經一百二十度十二分五十六點六秒」Giya很精確地告訴位置。

接線生嚇一跳，竟然有人可以講出經緯來報案，但事情緊急，便立刻回覆說：「好的，我們馬上派救護車和警車過去！」

「小姐，請問您叫什麼名字？」

這時，車禍的肇事者，又回頭來看看情況怎樣，他醉醺醺走路不穩，看看前面撞得不輕，又聽到有人講電話的聲音，像是Giya的聲音，便循著聲音左看右看。

「我姓邱。」Giya看到了肇事者竟然是「酒色鬼」，聲音慢慢變小。

「有看到肇事車號嗎？」

「×××—QR。」

「您的電話呢？」

「○九二一—×××—×××。」

「謝謝您的報案，請您在原地等待，員警馬上過去，再麻煩您做筆錄。」

這時，「酒色鬼」來到草叢邊，Giya就沒再說話。

「酒色鬼」見四下無人，只有草叢中一支花系列外殼的手機，就把它撿起來帶走。

老爺爺在旁邊發出痛苦的呻吟聲，他好像都沒發覺，坐上車就開走了。

六點左右，大雄顧不得刷牙洗臉，就跑到昨天腳踏車摔倒的地方，沒想到來了許多的員警，救護車剛載走老爺爺。

大雄顧不了那麼多，開始在草叢裡找尋Giya手機。

「少年仔，你在這裡做什麼？你沒看見這裡剛發生車禍，不能過來這裡嗎？」警長指著車禍現場詢問大雄。

「我是來這邊找手機的，警長先生有看到一支花系列外殼的手機嗎？」

「沒看見，那你有看見車禍的情形嗎？」警長問大雄。

「我也是剛來，沒有看到車禍的情形。」

「這就怪了，剛才有一位報案的邱小姐，打她的電話都不接。」

大雄一聽到姓邱，馬上會意應該是Giya：「請問警長先生，她的電話是〇九二一—×××—×××嗎？」

「你跟她是什麼關係，你怎麼知道呢？」警長好奇地問。

「我是她表哥，我有辦法找到她，可否借你的手機用一下，我找一下她在哪裡？」

警長半信半疑，但還是把手機借給了大雄，大雄立刻追蹤Giya手機上的GPS，查到離這邊不到五公里的地方。

一個員警走過來說：「報告隊長，根據邱小姐報案的肇事車號，已經知道車主的名字了，但剛剛分駐所的同仁去過他家找不到他，他家人說還沒回來，目前他手機也沒人接。」

「知道了，真傷腦筋，不知跑到哪裡藏了起來？」警長嘆口氣說。

「警長先生，你要找的邱小姐就在這裡，你可以載我過去找她嗎？」大雄指著手機上的地圖位置給警長看。

「這位邱小姐跟你一樣，報案還能給人準確的經緯度，讓我們內勤人員很快鎖定位置，這是我有生以來第一次看到有人這樣報案。一般人只會說在什麼路，大約幾公里或幾號。你現在拿手機地圖給我看，看起來你們真像是表兄妹，都會運用科技來辦事。我先載你去找邱小姐，做報案記錄，或許邱小姐可以提供我們更多的線索。」警長嘖嘖稱奇。

警長開車載著大雄，按著地圖指示的位置，很快就到達目的地。抵達門口時，看到一輛停在車棚裡的轎車，車頭被撞凹了，擋風玻璃也裂開了，再看車號，這不是肇事車號嗎？

這時員警同仁們看到後大家都傻眼了，找了半天，原來肇事車子在這裡，得來全不費工夫。

敲門後，一位年過六旬的婆婆來開門。

警長問：「請問您認識外面這輛車的車主嗎？」

「我是他姑媽，不知發生了什麼事？」

「你姪子涉嫌肇事逃逸。」警長很慎重地說。

這位婆婆一聽，雙腳發軟：「他一大早來這裡，車子放在門口，倒頭就睡了，沒有做什麼事啊？警長先生，會不會抓錯人啦？」

警長帶人跟大雄進到屋內，果然看到「酒色鬼」躺在床上呼呼大睡。

「你姪子涉嫌撞人逃逸，我們要把他帶回警局。」說完，警長命令手下將「酒色鬼」叫醒帶走。

同時間，大雄看到了 Giya 手機就放在床頭，連忙把它拿在手上。

「邱小姐在哪裡？」警長問大雄。

「只有她的手機在這裡，而且她不是姓邱，是姓李，我想她應該還在村莊內，我待會兒請她來。」大雄有點緊張地回答。

接著，大雄走出門外，偷偷問 Giya：「對不起，我來晚了，妳還好嗎？」

「嚇死我了，我被肇事車主發現後，以為他會對我怎樣，沒想到他醉得像頭豬，一睡不起了。」

Giya 很驚慌地說。

「不好意思，讓妳受驚了，妳待會兒可以向我和小英講一下這場車禍的情形嗎？我要找小英代妳報案。」大雄說。

「好的。」

大雄找到小宇、小英和宜蓁之後，Giya 一五一十把整件事交代清楚。

小英聽後，和大雄到了警局。

警長開始對小英問話：「妳是姓李不是姓邱呀？」

「警長先生，是這樣的，因為我在報案時，剛好肇事車主回頭走來，我怕他報復，所以用假姓。」小英回答。

「那後來妳怎麼不見了？」警長又問。

「我看他回頭走過來之後就趕快跑走，手機不小心掉了，被他拿走，你看我還有拍他肇事時的照片。」小英拿出手機的照片給警長看。

警長看到照片後說：「妳拍照的技術不錯嘛，張張都拍得那麼清楚、角度也恰到好處。」

「沒有啦，剛好路過，拿起手機連拍。」小英不好意思地回答。

「小妹妹，不好意思，誤會妳了，妳見義勇為值得嘉獎，幫我們做完筆錄，妳就可以回去了。」

警長的臉上露出了笑容。

幸好 Giya 及時報警，老爺爺的傷勢很快被控制住，警長去醫院探視受傷的老爺爺，老爺爺說：

「警長先生，幫我報警 A 手機，今嘛第對？（台語）」

「老爺爺，你是不是被撞暈了，手機怎麼可能會自動幫你報警，要好好休息，好好養傷。」警長拍拍老爺爺的背說。

「是真的耶，她擱好阮某耶電話。（台語）」老爺爺再次強調不會錯的，但警長依舊認為他撞暈了，胡言亂語。

與此同時，「酒色鬼」已在牢裡醒來，他感到莫名其妙：「我怎麼會在這裡，我撿來的那支會說話的手機在什麼地方？」

「你倒大楣了，肇事逃逸，有做不完的牢、賠不完的錢，你是酒醉裝瘋賣傻，什麼會說話的手機？先關心自己，請個好律師，把錢準備好，乖乖做牢吧！」警長對「酒色鬼」說。

小英和大雄在警局做完報案筆錄後，回到伴讀的國小，大家整理完行李，就坐車回北部了。在路上，大雄很欣慰地對 Giya 說：「妳冒著生命危險報警抓肇事車主，我真是很佩服妳。」

「對呀，Giya 妳怎麼這麼勇敢，如果是我，早就嚇死了，趕快先跑。」小英激動地說。

「是呀，Giya 做得很好，我們要向妳學習！」宜蓁打從心裡敬佩 Giya。

「你們都這麼說了，我只能說 Giya 是我的偶像。」小宇笑著說。

「哥哥，你講那樣的話，太狗腿，太沒誠意了！」小英指著小宇，不服氣地說。

「謝謝大家的讚美，你們知道肇事車主是誰嗎？」Giya 反問大家。

「該不是你的粉絲『酒色鬼』吧？」小宇開玩笑回答

「Bingo，就是『酒色鬼』！」

「活該，酒後開車又肇事，還亂散播謠言，應該把他關起來。」小英說。

「那他知道妳是一隻手機嗎？」宜蓁擔心地問。

「我想他應該不知道，因為當時我沒有3D投影現身，只是用聲音講電話。」Giya回說。

「總算鬆了一口氣，身分沒有曝光，不然這位『酒色鬼』會在網路散播Giya的真實身分，那就糟糕了。」大雄擔心地說。

「對呀，總算過了這關，不過我們有下一關要準備了，我們寄的歌唱影片參加初選，最近應該會公布了。我相信我們進入決賽的機率很高，我們應該想想，要如何準備全國高中歌唱的決賽。」小英回說。

「那我們先唱歌，大家接龍唱到臺北，這是我們贏得決賽的方法，我先唱〈向前走〉。」就在大雄開玩笑的話中，車子快速駛離了義竹鄉，往臺北的路上前進。

27

夢碎舞臺

魔敗樂團申請全國高中歌唱大賽，寄出兩首指定歌曲及一首自選歌曲後，經過一個月的時間，終於通過了初選。全國共有十所高中社團進入決賽，各選三首自選歌曲參加比賽。

在社團的活動時間裡，小英很高興向所有魔敗樂團團員宣布這個好消息：「剛剛收到主辦單位的來信，恭喜大家，我們進入全國前十名，獲得了決賽資格！」

大家聽到這個好消息，高興地相互擊掌、歡呼。

「能進入前十名，代表我們魔敗樂團的實力得到肯定，我建議除了以歌聲和音樂取勝外，我們還要以創意取勝，我相信在大家的團結努力下，必定贏得冠軍！」

小英從一位柔弱的小女孩，歷經創團艱辛、被網路霸凌、讓 Giya 搶盡魔敗樂團風頭、向大雄告白後，在面對這些困難與挫折，她似乎沒有被打敗，反而越挫越勇，帶領魔敗樂團往冠軍的路上邁進。

此時，魔敗樂團全體成員在小英的鼓舞下，大家握緊拳頭圍在一起，齊喊：「魔敗必勝！魔敗必勝！魔敗必勝！」

全國高中歌唱大賽在台灣大學體育館舉行，比賽當天許多學校的粉絲都聚集在體育館，為他們所支持的隊伍加油。

比賽規則為裁判五〇%、現場觀眾連線票選二〇%及全國觀眾簡訊票選三〇%。

比賽開始，主持人介紹各支隊伍，按照抽籤順序為（一）Maxions、（二）Beyand、（三）五月花、（四）7788、（五）TF Girls、（六）小獅隊、（七）TPE38、（八）青春派對、（九）閃亮三兄弟，魔敗隊抽到最後一號，也就是十號表演。

緊張的時刻來臨，所有人緊盯著直播畫面，主持人說：「我們歡迎一號 Maxions 唱〈Banana Song〉。」Maxions 模仿小小兵，唱功搞笑一流，把現場觀眾笑得東倒西歪。接下來的〈青春修煉手冊〉和〈小蘋果〉，更是讓大家笑不攏嘴。

二號 Beyand 合唱團一開始唱了〈海闊天空〉，這是一首觸及靈魂，大氣磅礡的勵志歌曲，激勵人們雖然在追求夢想的同時，會遭受到挫折、也會軟弱，但仍要堅持理想走下去。再唱〈真的愛你〉和〈光輝歲月〉，如同真正的香港 Beyond 樂隊復活，令人懷念和振奮，掌聲不絕於耳。

三號五月花合唱團，一開始唱了〈知足〉（註歌四），感人的旋律，深深地讓人想起暗戀那種感覺，知足的快樂，叫我忍受心痛，讓現場觀眾都感動不已；第二首〈乾杯〉讓大家想起畢業時與人離別的場景，好懷念以前的同學兼戰友；最後一首〈入陣曲〉，古裝大戲搖滾的曲調，像是年少輕狂面對生活的種種困境，給了我們力量去馳騁沙場，無論輸贏都將寫下人生壯美的一頁。現場和網路觀眾的心，徹底被征服，嗨翻天了！大家覺得五月花合唱團是最具冠軍相的得主。

四號、五號過去了……九號表演完了，主持人：「現在，我們觀迎壓軸的十號魔敗樂團登場！」原先網路歌迷對魔敗樂團就很有好感，一開始就把現場氣氛帶了起來，小英和 Giya 一上臺，現場觀眾看到兩位美少女主唱，興奮地大叫起來。小英上臺說：「請現場觀眾為我們加油，大家可以下載魔敗的ＡＰＰ，待會唱歌時，把手機拿在左上方，你們也會成為我們唱歌的隊員，一起為魔敗加油！」大雄精心設計這款手機ＡＰＰ，透過他的創意，能夠靠著 iBeacon（註1）透過藍牙的傳輸，與有安裝魔敗ＡＰＰ的臺下粉絲互動，在唱歌的同時，手機上的螢幕會隨著歌詞變換顏色，這可以排字或圖案。

小英心想：「雖然前面九隊都表現得非常精彩，但是跟臺下粉絲或觀眾的互動，只是掌聲而已，換到魔敗壓軸了，必定讓你們的五官都興奮起來，而且觀眾是我們表演成功的最佳賣點。」

魔敗隊第一首自選曲，是張惠妹所唱的〈姊妹〉（註歌五），由小英和 Giya 對唱，小英上臺說：「現在請粉絲們舉起你的左手，讓左手手機螢幕對著舞臺，現場的粉絲照著小英所說的，整齊地將手機拿在左手，一起對著舞臺。」音樂響起，小英和 Giya 拿著麥克風唱起來了，當唱到「春天風會笑」，從手機排出許多微笑的風的圖案；「夏天日頭炎」，就出現大太陽的圖案，現場氣氛嗨翻天，透過網路攝影機及 Youtube 現場直播，許多無法到現場的粉絲都覺得好可惜，錯失與魔敗樂團一起唱歌的機會。

唱到最後一句時，魔敗樂團團員一起說：「你是我的姊妹！」現場粉絲情緒高漲，也回應：「我是你的姊妹！」掌聲歡呼聲不斷，大家齊喊「Bravo」。

正當大家享受這熱烈的氣氛時，手機突然收到一則訊息：「你知道現場是手機唱歌給你聽嗎？」現場觀眾開始議論紛紛。這時又傳來第二則訊息：「不要被魔敗樂團騙了，Giya 是手機，不是人！」現場裁判和粉絲一陣嘩然，連網路實況轉播也開始有許多人上網留言，詢問到底怎麼了，要出來解釋清楚。大雄心裡有數，應該是 Hank King 或者他的手下利用他的 iBeacon 基台，傳了訊息給現場所有的手機，要借此報復他們，讓他們出糗。因為他們已經沒有利用價值了，比特幣錢包已被領取充公，而人工智慧研發資料因為消息已曝光，沒有手機公司願意出價收買了，所以大雄在舞臺上戰戰兢兢，深怕 Hank King 或他的手下會不擇手段地報復。

這時，主持人上臺：「請大家安靜，我們請 Giya 說明白。」，站在舞臺中間的 Giya 不敢抬起頭來，臺下觀眾見狀更是議論紛紛，過了一會兒，Giya 鼓起勇氣，吞吞吐吐地說：「抱歉，我……我……我真的是支手機！」

大家都被這句話給嚇到了，簡直不敢相信這是真的，立刻安靜了下來。不久，有粉絲不甘心被騙，破口大罵：「妳欺騙我們！妳欺騙我們！妳欺騙我們！」

Giya 接著說：「但我喜歡唱歌給大家聽，是真的！就像你們有自己的願望，是一樣的道理。」原本鼓噪的聲音，此時又安靜了，想聽聽 Giya 怎麼說。

Giya 眼淚掉了下來：「你們有爸爸媽媽疼愛，但我的爸爸、媽媽就是製造我的人，都已經死掉了。」

這時，有粉絲小聲地說：「Giya 加油！」

Giya 說：「我喜歡唱歌給大家聽，就像是唱給我的哥哥、姐姐、弟弟、妹妹聽一樣，有你們的相伴，我才感受到大家的愛，我才覺得我是人不是手機。」

大雄操控魔敗ＡＰＰ，藉由手機放出一個心的圖案，粉絲開始說：「我愛 Giya、我愛 Giya、我愛 Giya、Giya、Giya……」現場情緒由原先的冷淡叫罵聲，又開始熱情沸騰起來。

Giya 淚流滿面，感動地說：「有你們的支持與鼓勵，我才敢站在這舞臺上，可不可以讓我繼續唱歌給大家聽？」

此時字幕變成了「唱歌」，現場觀眾也大喊：「唱歌、唱歌、唱歌……」

「謝謝大家支持，我和小英帶來一首歌〈恰似你的溫柔〉（註歌六），我會永遠懷念大家。」

Giya 唱：「某年某月的某一天，就像一張破碎的臉；難以開口道再見，就讓一切走遠。」

Giya 邊唱邊哭，歌聲悲傷中帶有哽咽聲音。

小英唱：「這不是件容易的事，我們卻都沒有哭泣；讓它淡淡的來，讓它好好的去。」

唱到此時，Giya 越唱越哽咽，小英作勢拍拍她的肩膀，想安慰她，但是 Giya 還是一直啜泣著，這時小英搭著 Giya 的肩膀唱歌。

歌曲唱完，Giya 抱著小英痛哭，大家都被這氣氛感動時，原先駭客想藉由發訊息來趁機報復、破壞這場歌唱大賽，但出乎意料變成反效果，觀眾反而一百八十度大轉變，去支持魔敗樂團。

隱藏在現場觀眾中的駭客惱羞成怒，突然拿出手槍對準大雄開槍射擊。Giya 聽到槍聲，連忙推開大雄，但她忘了自己是一支手機，子彈不偏不倚射中大雄的胸膛，大雄和 Giya 都倒了下去。

這時，體育館的時間好像靜止一樣，無聲無息了許久，當大雄從疼痛中醒來時，在胸膛的口袋中，躺著一支被子彈射得粉碎的手機，幸運地救了大雄一命。Giya 氣若游絲地對著大雄說：「幫……我……唱……完……最……後……一……首……歌！」

說完，Giya 的生命就隨著投影慢慢消失，大雄坐在地上悲痛欲絕，久久不能自已。

本章註釋

① iBeacon：是蘋果公司推出的，透過 iBeacon 基站與藍牙智慧型手機通訊，確定大概位置或環境的一個應用程式。手機接收設備上的軟體可以查找 iBeacon 並實現多種功能，比如通知用戶。（資料來源：維基百科。）

28

破解駭客計中計

其實李資豪早已接到情報，最近 Hank King 偷渡回台，他在猜 Hank King 可能會有所行動，對大雄他們不利，所以他也到臺大體育館現場，派員警暗中保護。在駭客發訊息時，他跟同仁一起搜尋發送訊息的駭客，當槍聲響起，李資豪和員警同仁立刻追了過去。從臺大體育館沿路追趕到醉月湖，這時醉月湖旁正舉辦園遊會的活動，整個醉月湖都是人。駭客在無路可逃之下，從擁擠的人群中，跳下了醉月湖。員警也跟著跳下去，沒想到駭客游泳速度那麼快，一下子就上岸跑走了。這時警力分成兩批，一批請求更多警力支援，回臺大體育館保護大家，另一批由李資豪帶著少數員警展開追緝行動。

全國高中歌唱大賽，由於大雄和 Giya 被槍擊，現場一片混亂，現場觀眾紛紛逃離現場。這對魔敗樂團現場投票極為不利，但也有許多粉絲走上前，想看看 Giya 的狀況，表達他們對 Giya 的不捨與悲傷。

這時，大雄想到 Giya 交代的事，化悲憤為力量，站起來走向臺前，拿起麥克風，哽咽地說：「想聽魔敗樂團和 Giya 的最後一首歌嗎？」

臺下的粉絲悲傷又驚嚇，零零散散地回答：「要。」

「那請大家坐回位置，我來替 Giya 唱最後一首歌。」

臺下的粉絲們慢慢回到座位，魔敗樂團也開始準備，並調整好情緒。

「下面，我帶來魔敗樂團的最後一首歌，五月天的〈突然好想你〉（註歌七），讓我們一起想念 Giya。」大雄感性地說。

現場似乎還在悲傷的氣氛當中，提不起勁來，給予稀疏的掌聲，不久之後現場一片寂靜，靜靜等待大雄演唱。

「最怕空氣突然安靜，最怕朋友突然的關心……」

這一唱，在場外準備要離去的聽眾被深沉的磁性嗓音，帶點感傷的歌聲給吸引住，又紛紛走回觀眾席。

唱到「突然好想你」，觀眾和粉絲不由自主地一起唱了起來……

唱完時，沒想到觀眾都幾乎回到座位，有些觀眾和粉絲眼眶泛紅，被大雄深情的演唱給感動了，更想念 Giya。現場一片寂靜，在大雄落下想念的眼淚後，一滴眼淚落到舞臺上，觸動大家最深層的想念，想念著 Giya、想念自己親人、想念自己的男女朋友。

觀眾的掌聲不絕於耳，許多人在網路上紛紛留言、洗板。

A 粉絲：「唱的比五月花好聽。」

B 粉絲：「五月花哪能比，這是真情流露的歌唱，好感人的畫面。」

C 粉絲：「除了感人外，這麼危險還在唱歌，是用生命去唱，我都哭了。」

D 粉絲：「Giya 是犧牲性命去唱歌，我好捨不得 Giya 死！哭哭！」

E 粉絲：「可是 Giya 是手機，不是真人。」

F 粉絲：「把它當成是科技和樂器的真人影像和聲，其實是一種創意，是不是真人沒差。」

G 粉絲：「沒錯，況且他們也善用科技，把我們現場觀眾也當成表演的一員，真正嗨到最高點！」

H 粉絲：「我挺魔敗樂團得冠軍！」

I粉絲：「加一。」

J粉絲：「加一百。」

……

就在計票作業開始後十五分鐘，統計結果出爐，最緊張的時刻來臨，主持人在臺上宣布：「我們現在揭曉前三名，第三名由Beyand合唱團獲得！第二名和第一名在五月花和魔敗中間產生！」現場歡呼聲不斷。

這時臺下觀眾再也按捺不住，兩邊的粉絲大聲喊：「五月花第一、魔敗第一、五月花第一、魔敗第一、五月花第一、魔敗第一……」雙方聲音交織著。

主持人宣布：「我們恭喜魔敗樂團奪得了觀眾票選最佳人氣獎，也奪得了全國高中歌唱大賽第一名！」現場觀眾一片歡呼，站起來鼓掌，而網路流量瞬間暴衝，紛紛轉傳魔敗樂團的唱歌影片、搜尋魔敗樂團資料，但這些榮耀卻挽不回Giya的命，魔敗樂團似乎高興不起來。

就在李資豪在臺大體育館保護大雄等人時，Hank King趁著全國高中歌唱大賽時，跟另一名駭客選擇在新北市一家偏遠ATM（銀行提款機）作案。他們裝扮成銀行維修ATM人員，在ATM上方貼上「故障」提示後，駭客手持特製的電擊棒電擊ATM，透過電流高壓將ATM電暈故障，透過ATM短暫的故障，Hank駭進銀行系統，並同時發動阻斷服務攻擊DDoS攻擊銀行，來癱瘓銀行網路，讓銀行資訊管理員忙於處理阻斷服務攻擊，無法分心注意銀行內部系統。Hank進入系統中開始破解銀行的密碼，大約過了一小時終於得手。

雖然這名駭客在臺大醉月湖逃脫，但大雄早就對駭客有所防備了。在歌唱大賽時，駭客利用大雄架設的 iBeacon 基台，發送訊息給觀眾時，就已被大雄將程式鎖定，確認駭客的手機識別碼，並把這資訊傳送給李資豪警官。

李資豪收到後，偵九隊警員跟電信公司核對，首先查出此人的身分，但比對後才知道這是沒有進行身分登記的手機。

李資豪自言自語地說：「不妙，看起來駭客有所防備。」

同時，偵九隊警員透過電信公司的手機網路，追縱到他的行動路線，顯示在 Google ＧＰＳ行動地圖，慢慢的一筆一畫跑出潦草的「言」字，感覺是故意造出來的。然後又慢慢在地圖上，勾勒出一個完整的「計」字，這時警員覺得大事不妙，原本是要來追蹤駭客，反而被將了一軍，趕緊跟李資豪警官說明。

李資豪既生氣又懊惱：「沒想到還是被駭客識破，我們中計了，趕快查全臺北一萬五千支的錄影監視系統。」

員警同事：「要查這麼多錄影監視系統，簡直是海底撈針。」

李資豪：「使用大雄的人臉辨識系統，你看這是在附近拍到的駭客臉部，把一萬五千支的影像從三十分鐘前到現在，透過人臉辨識系統做即時現場動態比對，一定要把這個駭客找到！」

突然，偵九隊的電話響起，銀行網路系統管理請求支援，受到阻斷服務攻擊 DDoS，銀行網路已癱瘓，民眾無法使用外部金融服務和ＡＴＭ提款。

李資豪：「追查這個駭客，已經忙得不可開交，人力都不夠了，現在又多出這件事，真是麻煩，大江，麻煩你去幫忙這家銀行。」

這時回到銀行ＡＴＭ的現場，Hank 在電腦前破解了銀行帳號，正一筆一筆轉帳、一筆一筆洗錢，時間也一分一秒過去。

大雄雖然領到獎，但滿臉的淚水掩飾不了他的悲傷，他的內心不斷地告訴自己，不要因悲傷失去了理智，Hank King 不是那麼簡單對付。他馬上從小英手中借了上次班上送他的 iMobile7，跟李資豪警官連繫後，得知一切的狀況，這時他回想起之前玩角色扮演，在空城計的失敗原因，當歷史重演時，要冷靜思考，才能破解駭客背後的謀略。他心想，這時發動阻斷服務攻擊，跟上次「全世界電信公司」駭客入侵的手法類似，先是攻擊駭進外部網路，趁其不備再駭進內部網路，於是說：「我覺得這件事太巧合，一定又是駭客的障眼法，可不可以請李警官要求銀行系統管理人員，查一下他們內網的狀況？」

李資豪覺得大雄說得很有道理，就請銀行系統管理人員查看內網狀況。這時 Hank 已經洗錢到一個天文數字，正要開始在系統中毀屍滅跡時，剛好被銀行系統管理人員發現，他們不動聲色，立即彙報給刑事局偵九隊。

Hank 看已完成所有的事，對手腕上的智慧手錶喊道：「夥計，過來吧！」

這時一輛沒有車牌的無人智慧車，直接開到這台ＡＴＭ的門口，駭客雙雙快速坐入，駛離現場。員警同事接到銀行電話：「李警官，不好了，銀行來電話，說許多帳號被轉帳洗錢，損失金額難以估計。」

李資豪一聽差點暈倒：「沒想到駭客還是技高一籌，我們中了計中計，趕快查附近的錄影監視系統。」

員警同事說：「報告李警官，附近的錄影監視系統都被破壞了。」

李資豪再也按捺不住，直接進到錄影監視大數據中心指揮，把握最後的希望，並進行人臉辨識系統比對。十分鐘後，在電視牆上找到了射殺大雄的駭客，再做進一步追蹤，發現這名駭客在敦化南路跟和平東路交叉路上，上了一輛沒有車牌的車子，朝著基隆路方向駛去。」

大雄跟李資豪警官聯繫後，得知駭客駭進銀行網路洗錢，他請求李警官給他駭客車子的照片，開放電信公司的系統給他查詢，以及駭客的車子行走方向。他在手機中仔細觀察照片，看到照片中車子的頭燈，有一個小小的黑色標籤，把照片中的頭燈放大，發現有一個ＥＴＣ標籤（遠通電收的收費標籤），他透過ＥＴＣ，查詢之前在高速公路收費時，當時發送電信訊號的ＳＩＭ卡序號，手機的ＡＰＰ馬上在雲端找尋交叉比對。這時他用極快的速度從體育館，往基隆路方向跑去，這時警車也出動在後面跟著，大雄邊跑手機邊分析，直到快到基隆路前，雲端系統分析出這張車上ＳＩＭ卡序號，他透過電信公司搜尋這張ＳＩＭ卡序號，得知駭客正在使用臺北的公共熱點無線上網，作為自動駕駛地圖導航。於是，他透過熱點無線上網後，利用無線網路的漏洞駭進這台設備，在一連上取得控制後，驚訝地發現，原來是一台無人智慧車系統。這時，大雄微笑著打開他的趕鳥ＡＰＰ，跑到基隆路的中央等待這輛車。

這時，無人智慧車正從基隆路向大雄方向駛來，車上的Hank和另兩名駭客看到大雄非常吃驚，於是拿著手槍瞄準大雄。Hank透過智慧手錶下命令：「夥計，加速向前衝！」但是他萬萬沒想到，大雄也控制了無人智慧車系統。當駭客瞄準開槍時，大雄把手中的手機往左往右一搖，使得車子向左向右不穩定地行駛，駭客無法瞄準，子彈打到旁邊的車子，造成許多車輛閃躲不及，撞在一起。

Hank驚覺車子已被大雄控制，但已經來不及了，只好讓車子加速向大雄撞去，但在大雄不斷變換方向的操控下，車子從大雄身旁擦肩而過，直直地撞到基隆路下的橋墩，三名駭客被拋出車外受到重傷，一動也不動地躺在地上。這時，警車也抵達現場。李資豪一下車，馬上抱著大雄，並拍他的肩膀：「對不起，又讓你陷入危險了！」李資豪鬆手後，大雄全身癱軟了，整個人趴在地上，差點起不來。

在大雄的協助下，警方終於逮捕了駭客首腦Hank King，瓦解了整個駭客集團，同時，刑事局偵九隊還協助銀行將洗錢帳戶的錢歸還，這件事引起各大電視台及新聞媒體的關注，紛紛趕來採訪。

記者會上，記者A先舉手發問：「請問你們是如何追補到Bananamous的首腦Hank King，尤其他的行蹤不定，又很會用科技躲藏。」

李資豪：「這要感謝一位高中生運用現代化科技，以其人之道，還治其人之身，才能找到Bananamous的首腦Hank King。」

記者B問：「聽說你們偵九隊兩年前就有線索，為何無法追查到，竟然輸給了這位高中生呢？」

旁邊的員警同仁白了這位記者一眼，但大度的李資豪回說：「兩年前以Hank為首的駭客很狡猾，我們確實無法破獲這個駭客集團，讓AIH公司的高層蒙冤，我們偵九隊深感抱歉。這位高中生能追查到駭客集團的線索，他的電腦技術高超不在話下，不過沒有我們偵九隊，對駭客集團的運籌帷幄，與國際刑警、全世界各大網路商及銀行合作，也破不了案。」

記者C問：「聽說逮捕到駭客Hank King的也是這位高中生，請問是真的嗎？」

李資豪有點沒面子，咳兩聲說：「沒錯，但是我們偵九隊提供資訊給他，他剛好在駭客經過的途中，讓他搶先一步逮捕到駭客 Hank King。」

記者D再追問：「這位高中生為什麼這麼厲害？那你們如何表揚他？」

李資豪一聽馬上變苦瓜臉：「其實他跟一般高中生沒有兩樣，除了喜歡玩3C電玩遊戲，也喜好運用科技解決問題，這完全是出自他對寫程式及科技的熱愛。基於保護未成年少年，我們不公開表揚，但我們會準備禮物送他。」

這時警察故意跳過前面四位記者的發問，怕問下去偵九隊會臉上無光。

記者Q問：「偵九隊確實很厲害，李警官好帥喔，你們是如何抓到駭客呢？」

李資豪：「謝謝誇獎，首先我們偵九隊破解了駭客的計中計，挽回了駭客銀行所偷走的巨額損失。另外，偵九隊透過雲端大數據運算，將全臺北一萬五千支的影像，以人臉辨識系統做即時現場動態比對，最後找出駭客在哪裡，要感謝全體偵九隊員警同仁。」（李資豪心想，總算扳回一城。）

記者Q繼續問：「聽說偵九隊破獲 Bananamous 駭客組織，是全世界最大的駭客組織，他們不法所得驚人，到底有多少呢？」

這時噓聲響起，有人抗議，為什麼總是點記者Q。

李資豪很自豪地說：「好問題，這是全世界破獲最大金額的犯罪所得，總共是一千多萬比特幣。」

記者Q不知道比特幣價值多少，不解地問：「才一千多萬？這是全世界最大的犯罪金額所得？」

許多記者搖搖頭，心想，記者Q真該好好充實一下科技知識。

記者K說：「大小姐，一千多萬比特幣，以目前的匯率一比一萬五來算，相當於新台幣一千五百億！」

記者Q捂住嘴巴被嚇到，不知道要說什麼。

結果隔天報紙，竟然有一家報紙報導：「喜歡3C電玩遊戲的天才高中生，破獲全世界最大的Bananamous國際駭客組織，沒收不法所得一千五百億台幣！」

這篇報導蓋過了全國高中歌唱決賽，Giya是手機的報導。

在李資豪警官和大雄的一致保密下，說明：「Giya是用手機投影方式來唱歌的，會說話是大雄用遠端打字，如同手機個人語音助理一樣。」用這個說法來隱藏人工智慧型手機的祕密，當然也沒有人知道人工智慧手機研發廠商的祕密。

29

神祕跟蹤

一轉眼過了半年，又到了開學季社團招生的日子，大雄將 Giya 粉絲團大頭貼用黃絲帶裝飾，表示對 Giya 的悼念，並期待有奇蹟出現。而粉絲紛紛在上面留言表示懷念，小英則在現場指導魔敗樂團團員。

「小松，彈奏鋼琴要有感情一點，要陶醉在旋律中，不要那麼呆板。」

「阿森，今天在打瞌睡嗎？小提琴音都拉錯了，我們怎麼錄歌呀？」

「雨琪，妳感冒嗎？唱歌的聲音沒有隨音樂起伏，有點單調。」

因為大雄最後壓軸的深情演唱，奪得全國高中歌唱大賽第一名，所以魔敗樂團邀請大雄獻唱一曲，以此吸引新團員。

大雄爽快地答應了，就在社團招生時，他站在舞臺上說：「一年前要不是 Giya 跟小英，我們魔敗樂團也不會成立，今天我要唱這首五月天的歌〈我不願讓你一個人〉來懷念她，臺下各位喜歡唱歌及玩樂器的，一起加入我們魔敗樂團吧！」

大雄深情地唱著，回憶起當初在爸爸靈堂前的邂逅；拿到手機當禮物時的驚喜；教他寫程式的美好時光；在校慶唱歌給大家聽；一起種彩繪玉米田；幫老爺爺車禍報案；一起追查駭客打擊犯罪；最後在全國歌唱大賽替他擋子彈……唱到最後，大家都被大雄的深情歌聲所打動，有人說他是情歌王子，大家的掌聲更是不絕於耳。

魔敗樂團招生像去年一樣，大排長龍要來報名，但感覺好像又缺了什麼似的，熱鬧不起來也不太起勁，於是大家在社團中閒聊起來。

小英：「大雄你唱得好棒，讓我好想念 Giya。」

宜蓁：「我也好想念Giya，她不在，社團好像少了潤滑劑，活潑不起來。」

小宇：「Giya如果在的話，小英就不會那樣獨裁了。」

小英：「哥哥最討厭了，講人家壞話。」

大雄：「小英現在像極了一位領導者，帶領我們魔敗樂團往前衝。」

小英：「還是大雄對我最好，我們今年還會參加歌唱大賽，再拿第一名！」

小宇：「今年只能靠小英及現在的團員了，我們現在已是高三生，明年要考大學了。」

宜蓁：「對呀，我也好想參加，但要考大學了，只好先讀書。」

「如果各位不嫌棄我寫的智慧手環APP，包準你們考上好大學。」大雄跟大家開玩笑地說。

「從以前的憂鬱王子，變成了深情王子，現在竟成了搞笑王子，大雄變得太快了，到底是誰改造了大雄呀？」小宇看著小英，搖搖頭微笑著說。

「絕對不是我，我上次跟他告白後，他都不理我，都沒有來約我。」小英嘟著嘴說。

「大雄，這就是你不對了，人家小英都這樣說了，你還不表示呀？」宜蓁替小英打抱不平。

「有呀，我們不是都約在魔敗樂團了嗎？」大雄一臉正經地說。

這時，小宇聯合大家做勢要打大雄，大家在一陣吵鬧時，大雄的電話聲響了，對方是義竹偏鄉的國小校長，請他來學校一趟，小朋友希望跟他聚聚。

大雄問大家：「有沒有人要跟我一起去義竹鄉？小英，我鄭重地約妳喔！」

「當天剛好是全校社團會議，沒辦法參加，況且我要的是單獨啦，真是沒誠意！」小英再次失望地說。

「我要準備考試。」宜蓁說。

「我那天有事。」小宇說。

由於沒有人當天有空去，大雄只好獨自一人搭車去義竹鄉的小學。

校長表揚大雄說：「這位大雄學長從臺北來到我們這偏遠的鄉村，架設遠端伴讀系統和英文聊天闖關系統，讓原本交通不便，很少有人願意到現場伴讀的本校，現在反而吸引了許多國、高中生及大學生加入；讓我們小朋友進步不少，尤其英文的口語會話，更是一鳴驚人。今年原本村裡要去都市就學的，及其他村慕名而來就讀的就有不少人，讓我們不用擔心學校會被併校或撤校了。而且在鄉長的鼓勵下，我們正要把它推廣到全鄉，我們掌聲歡迎大雄學長！」

大雄站在臺上，很害羞地說：「能來這裡，是我爸爸、媽媽的主意，但我也真心喜歡跟小朋友在一起學習、玩耍。」

說完後，校長、老師和小朋友們給予熱烈的掌聲，也夾帶著歡笑聲。

校長說：「大雄學長很客氣，我們現在請他伴讀的小朋友阿吉給他一個小禮物。」

這時，阿吉走過來說：「大雄哥哥，我最喜歡英文聊天闖關系統，它讓我愛上英文，每次打開電腦，我就跟他談話，好像在玩遊戲一樣，一關一關闖過，真的很有趣。我上學期成績進步很多喔，每科成績都有九十分以上，尤其英文從六十分，進步到九十分，老師說我是高手，謝謝大雄哥哥陪我一起讀書！」說著，阿吉拿出了一個禮物要送給大雄。

校長說：「學校沒什麼好禮相送，這是代表學校的一點心意，而且是偵九隊贊助的，你不用客氣。」

阿吉說：「在上次伴讀教學時，聽大雄哥哥說喜歡一支草莓的手機，所以送你這個禮物。」

大雄收下禮物後，打開一看，竟然是一個草莓造型的手機，這時讓他想起 Giya，若不是她的英文聊天闖關系統，他也不可能來這裡接受表揚，他笑著問阿吉：「非常謝謝你，我很喜歡，這是智慧型手機嗎？」

阿吉說：「你用用看就知道了，你一定會喜歡的，記得有空去找我爺爺喔！」

週會結束後，大雄跟校長、老師和小朋友們道別後，回到宿舍裡。閒著無聊，他拿起阿吉給的手機把玩一番，它的外表看似 Giya 手機，但一打開手機電源後，是一支智慧型手機的操作介面，不像之前的 Giya 人工智慧手機，裡面的記憶卡中，竟然還存著密碼學的電子檔。大雄好奇打開電子檔文件後，竟有李資豪的簽名，要贈送給莊國雄。大雄心想，李警官真有心，上次跟他分享時，知道要解開一封附檔的信件，需要我學習密碼學去解開信件的附件檔案。於是，大雄趁著空閒無聊，整個下午都在研讀密碼學，但最後還是不知道如何解開這附件檔案的信。

太陽快下山時，大雄獨自一人走到農田去散心，十月傍晚的太陽又亮又圓，整個天際就像是被彩繪過，一片片橘紅色的雲霞，對應著地面一片片綠油油的玉米田，真像是一幅漂亮的畫。如果沒有親自來過這裡，真的不敢相信，在這偏遠的小農村，是如此之美。

突然，大雄發現身後好像有人在跟蹤他，但是回頭看看後面，卻沒有看見任何人。

大雄一直走，看見志隆叔叔的稻米田，一台空拍機飛過，一群麻雀被它嚇跑了。

「非常盡責的空拍機！」大雄會心的一笑。

再往前走，走進玉米田區裡，卻發現這邊的玉米田都不是種滿整片田地，中間都有小空隙。大雄心裡在想，難道是彩繪玉米，中間像是有圖案或字所造成的小空隙嗎？可是上次收割後，志隆叔叔沒邀請我們來觀光，應該是失敗了吧？

正陷入苦思而找不到答案時，沒想到又碰巧遇到農夫志隆，他從田間小徑走了過來：「小弟弟，在散步嗎？」

大雄笑著說：「對呀，正想問叔叔，去年彩繪玉米田有沒有成功，您就剛好走過來。」

「很成功，多虧你們的好主意，種好兩個月後，大家看了都很羨慕也覺得很新奇，但好可惜，因為一場突來的暴風雨，半個玉米田都損毀了。可是因禍得福，大家對彩繪玉米很有興趣，我就教大家一起種，許多農民也拿著手機一起學，大家都說：『不是電腦會撿土豆而已，現在手機會種玉米』。」志隆很得意地說。

「真的嗎？簡直不敢相信，Giya的創意成功了。」大雄高興地說。

「玉米只長了一個半月，還不夠高，再過半個月，就可以請大家來觀光了。」志隆高興地說著。

「可以觀光的時候，記得通知我，我會請同學們一起來。」

「在這邊喝咖啡，騎腳踏車，看彩繪玉米田的風景，是不是很棒啊？真的要感謝你們的彩繪A屁屁？」志隆很得意地哈哈大笑。

「還有你的趕鳥A屁屁，讓我今年的有機稻米大豐收。」志隆更是樂開懷。

「我剛才經過時看到您的稻田，每一株稻穗長滿了稻穀，每一顆都好飽滿，一定又香又Q又好吃。」大雄比出讚的大拇指。

「對了，一直沒問你，你這麼會運用科技，為何會來這所學校伴讀？」志隆疑惑地問。

大雄一五一時把整個事件的來龍去脈，包括午後研讀密碼學都跟志隆說了。

「這麼有緣分，你父親和我都是讀這所小學，難怪你會來這裡伴讀，不過你父親英年早逝，真是可惜呀！」志隆感嘆地說。

大雄沒說什麼，只是無奈的點點頭，表示認同。

「雖然我沒讀什麼書，但我第六感覺得，那封神祕信件的密碼，一定是這位研發副總生命中最重要事件的日期，就好像我的銀行密碼，總是用我太太的生日，祝你好運早日解開這封信！」志隆真心祝福大雄。

聽到志隆叔叔是父親的校友，大雄好像在他鄉遇故知一樣，心裡溫暖起來。跟志隆叔叔告別後，大雄走出玉米田時，跟剛剛一樣，感覺有人在跟蹤他，但轉頭往後一瞧，只聽見風的聲音，沒有看見什麼人，自己覺得好奇怪。

30

手機女友的新生

大雄走回村莊後，就待在宿舍休息，半夜時不知怎麼搞的，心裡好像有所牽掛睡不著覺。

這時，大雄突然興致一來，又想騎腳踏車去夜遊。他把草莓手機掛在腰帶上，就在深夜時，一個人靜靜騎著腳踏車，順著他們之前走過的路線騎行。沿途樹木、花草的露珠都笑著滾出來，想看看怎麼會有一個傻子，在半夜騎腳踏車呢？深夜的冷風吹來，特別令人想躲在被窩中睡覺，這時候他發現，又有黑影跟蹤，但騎過去看，又是一無所獲，只好繼續往前騎。

不知是否受到上天的眷顧，又遇到上次那一群狗快速追了上來，在後面大聲吠著。大雄只好用盡全身的力氣，飛快騎到馬路中央，甩開狗的追逐。這時候一輛汽車正快速往大雄這邊過來，司機醉醺醺沒有看清楚，眼看就要撞上大雄的腳踏車。在千鈞一髮之際，旁邊突然出現一位穿著洋裝的少女，雙手用力推開了汽車，讓車子偏左方行駛，沒有撞到大雄的腳踏車。但這一推，在汽車的右前方車蓋上留下了一雙手印，看似柔弱的小女生，竟然毫髮無損。大雄被這突發的事件驚嚇，腳踏車往右邊草叢跌落，頭撞到軟泥地面後，便倒地不起了。他掛在腰帶的草莓手機也被拋出去，撞到電線桿之後，像一道電光閃過，掉在少女的肚臍上，進入她的身體不見了。

司機發覺不對勁緊急煞車，停下來看車子有沒有事，在微亮的燈光下，他的背影有點熟悉，他看看車子沒什麼大礙就開走了

大雄不知昏睡了多久，感覺有人在搖他：「大雄哥哥醒醒！大雄哥哥醒醒！」

大雄慢慢睜開眼睛，好像聽到了歌聲，但是他的腳受傷，痛得爬不起來，只好靜靜看著天上的星空。今晚的月亮特別圓，這歌聲也越來越大，大雄聽清楚了，這聲音好像是Giya，但她之前是唱〈月光〉，這首歌大雄不熟悉。現在她的身影，正一步一步往大雄這邊走來。

每顆心上某一個地方，總有個記憶揮不散……
這位長髮飄飄，跟 Giya 長得一模一樣的少女繼續唱著歌，讓大雄忘了腳的疼痛。
城裡的月光把夢照亮，請溫暖它心房……
大雄露出燦爛的笑容：「Giya，是妳回來了嗎？」
小女孩回答：「我不是 Giya，我叫 Strawberry。」
大雄感到奇怪：「那妳為什麼會來這裡呢？」
Strawberry：「我是受她所託，來這裡的。」
大雄更好奇地問：「那她現在在那裡呢？」
Strawberry：「Giya 要我告訴你，她已經長大成『人』了，你不用再想她了，她很謝謝你之前教她做人的道理，她也要回贈你一句：父子有親、夫婦有別、君臣有義、長幼有序、朋友有信。」
說完後，Strawberry 就消失了。
不久後大雄又睡著了，突然聽到老爺爺的聲音：「阿雄仔，不要在這裡睡覺，快醒醒！」
大雄醒來之後腳痛到受不了：「老爺爺，你剛剛有沒有看到一支會說話的手機？」
老爺爺說：「我就說嘛，真的有一支手機會說話，員警就是不相信。阿雄仔，你也有看見嗎？」
這位老爺爺是阿吉的阿公，當時發生車禍，Giya 幫忙打電話報警，才救了他一命。老爺爺在附近東找西找，看到一支草莓樣子的手機，拿給大雄說：「是這一支手機嗎？這支是阿吉送你的吧？跟上次救我，會說話的手機很像，我有試過呢，但是這支沒講話。我嘛想要跟你問看嘛，這支是不是會講話，剛好在這裡遇到你。（台語）」

大雄接過老爺爺給他的手機，像之前用 Giya 手機的方式再嘗試看看，但是跟昨天試過的一樣，不會說話，更不用說 Giya 會出現。

大雄臉上疑惑又嘆氣地說：「真的不會說話，可是剛才明明聽到了，難道是在作夢？」

剛剛差點撞到大雄的司機是「酒色鬼」，他酒醒後開車呼嘯而來，停在剛才的地方，看到大雄拿著一支草莓手機，聽到他們好像說手機會說話，二話不說就搶了過去：「我就說嘛，這支手機會說話，上次網路新聞還有報導，有一支會唱歌的手機，參加高中歌唱大賽，我就深信不疑，看來這一定是真的！」結果，一個受傷的少年仔、一位老爺爺，再加上一位酒鬼司機，三人在那裡搶手機。

因為爭吵太大聲，經過的路人報警，說有三個人在搶奪一支手機。

員警快速來到現場，簡直不敢相信，竟然是上次車禍的當事人「酒色鬼」，於是說：「不會吧，這次不是車禍，怎麼又是你們三人？大家這麼有緣，到底是怎麼回事，讓你們三人搶奪這支草莓手機？來，『酒色鬼』，你先說。」

「員警先生，我上次真的沒說謊，這支手機會說話，他們兩個可以作證，上次新聞也有報導會唱歌、會說話的手機，得到了高中歌唱大賽第一名。」「酒色鬼」說。

「我記得上次新聞報導是說，手機可以模仿真人的投影唱歌，得到了高中歌唱大賽第一名，就如同模仿鄧麗君的投影，跟我們一起唱歌一樣，手機會說話是個人語音助理發出來的，不要搞錯了，要不然我這隻手機也會說話。如果手機會像人一樣說話，你們『馬路三寶』（老爺爺、酒鬼、被狗追的大雄）就證明給我看呀！」員警回問。

「我半夜開車來這裡時，有一位小女生用手把我的車子推走，你看我的車子右前方，有一雙手印。」酒色鬼說。

「拜託，你是醉到瘋瘋癲癲了吧，這跟手機會說話有什麼關係？若手印是真的話，我們還要告你撞人。」員警回說。

「明明去年就聽到她在講話呀，而且我還用豆菜麵和肉羹湯潑過她，他們也說手機會說話啊，奇怪怎麼現在不會了？」

「你是被關太久，關到傻了嗎？才剛出獄又喝酒，胡言亂語。」員警回說。

「酒色鬼」不相信，他敲敲手機說：「說話啊！芝麻開門！」這時員警連忙制止。

「老爺爺，那您呢？可以證明給我看嗎？」員警看著老爺爺。

「阿彌陀佛，是真的，去年它報案救過我。」老爺爺回答。

員警一聽差點沒暈倒，這次老爺爺沒被撞暈啊？

「少年仔，那你呢？」員警看著大雄問。

「我是作夢啦，員警先生，請原諒我。」大雄識時務者為俊傑，因無法證明這支手機會說話，只好跟員警道歉。

「少年仔，很高興聽到你說真話。好吧，我就當作又是鬧劇一場，你們兩人可以回去了，這傢伙無照駕駛，又說醉話，我要帶他回警局。」員警一手抓起「酒色鬼」，開著警車離去了。

這時，大雄在老爺爺的幫忙下扶起腳踏車，拿起了草莓手機。

老爺爺說：「你沒娶你女朋友來唱歌？（台語）」

「她這次沒空來，不過她還不是我女朋友啦！」大雄知道老爺爺在講小英。

「幫我謝謝她，上次車禍她幫我做報案筆錄。」老爺爺說。

「老爺爺，跟你說個祕密，上次幫你報案的，真的是一支會說話的手機，因為手機不能露臉，所以小英才幫忙做報案筆錄的。」大雄偷偷告訴老爺爺。

這時候老爺爺回想到上次車禍當時，他倒在草叢昏迷，於是 Giya 大喊：「老爺爺醒醒！老爺爺醒醒！老爺爺醒醒！」

看到老爺爺叫不醒，怕他就這樣死掉，於是 Giya 情急之下說：「老爺爺不要死、不要死，我已經找到老婆婆了。」

老爺爺聽到 Giya 的說話聲，當得知他前妻有了下落，發出痛苦的哀號聲。

Giya 看到老爺爺有了反應，心中放下一塊大石頭，繼續說：「她的名字叫吳瓊美，她在臉書上寫著最喜歡的歌曲是〈關仔嶺之戀〉，她的電話是（〇六）六九〇—××××，你可以帶一束花去，她一定在等你去找她，要不然她七十幾歲的人，不太可能會有臉書帳號，並分享這些資訊。」

「你……賣……講這緊，我……聽……攏沒。」老爺爺有氣無力地說。

這時 Giya 再慢慢說給老爺爺聽，也把手機號碼輸入老爺爺的手機中，之後 Giya 緊急撥了一一〇報警……

「我就知那支手機A講話，上次伊救我時，伊夠厲害，會隔空打電話，夥我阮某A電話。聯絡了後，我就去看伊，雖然五十冬沒看，我一看就知是阮某，我手抱一束扶桑花，唱〈關子嶺之戀〉，這條歌是我少年時，常常唱給阮某聽的情歌，阮某聽擱目屎都流下來。手機講的是真耶，阮某一直在等我，我實在就見笑，沒想到，擱A當看著阮某，我真正死無遺憾，真感謝手機伊。我不知擱有機會，看著手機伊沒？（台語）」老爺爺說著說著，眼淚就掉下來了。

此時，大雄替老爺爺感到無比高興，但心想 Giya 怎麼沒跟他說這件事，難道有什麼難言之隱嗎？不過她幫老爺爺完成一生最大的心願，也算是幫他完成一件大事。

「老爺爺，可是手機伊死了，沒機會見到你了。」大雄也流下眼淚說。

「啥？真正是沒緣分，有夠可惜！（台語）」老爺爺嘆了一口大氣，過了一會兒又問：「最近你爸爸好嗎？大約二、三年前，伊有來找我，關心你交阮孫有好好到陣沒？（台語）」

「唉，老爺爺，我爸爸去年去世了。」

「那唉按捺？這好A爸爸，這少年就死了，真正可惜！嘿，我是衰尾道人嘛，問A人都死了！（台語）」老爺爺非常自責。

大雄回答：「老爺爺，不用自責，那是命運呀，不能怪誰。」

一會兒，大雄突然問起：「請問老爺爺，我爸爸是不是有問你，我要幫你找老奶奶的事。」

「當然嘛有！」

這時，大雄感覺事情有點蹊蹺，原來爸爸這麼關心他，又想起當初 Giya 聽到老爺爺這件事，期待的心情都表現在臉上，難道這人臉年齡APP程式，是爸爸寫的嗎？那 Giya 跟爸爸又有什麼關係呢？

時間回到兩年前，電腦鍵盤急促敲擊發出清脆的聲音，快速備份及刪除資料，大雄爸爸在公司正快速寫下這封信，寫完後急促地說：「快，大家趕快收拾重要東西，準備離開這裡。」不久之後，他們的車子就被歹徒打中輪胎，輪胎因此爆破而翻下山。

大雄爸爸被送往醫院後，媽媽在爸爸病床前，那時大雄還未到醫院。

大雄爸爸從口袋中拿出手機，有氣無力地說：「明年大雄生日時，把這手機送給大雄，不要告訴他，是我送他的。」

大雄媽媽握著這支手機也握住大雄爸爸的手，滿臉淚水傷心的點點頭說：「嗯，你好好養病休息，不要再說話了。」

「我怕我不說就沒機會了，我已寄一封電子郵件給大雄，放在雲端程式排程中，一年後程式排程會自動寄給他。當大雄收到那封信時，就會知道整件事的來龍去脈，請……妳……保……密。」大雄爸爸說話速度愈來愈慢。

這時大雄推開病房的門，看見媽媽在病床前淚流不止，他慢慢走上前去，跪在爸爸的身旁。

大雄爸爸摸著大雄的頭，似乎想安慰大雄，之後手慢慢游移到大雄的手，用最後一絲氣息，緊握著大雄的手，有氣無力、斷斷續續的說：「一……一年後……程……式……」

大雄似乎豁然開朗，難道這一切是爸爸的安排？

「老爺爺，這裡有透透氣的地方嗎？」大雄忽然想找一個清靜的地方。

「當然嘛有，擱A凍圓夢喔，當我找不到阮某時，我就去嶺岸，大聲喊出來我的心聲，講嘛奇怪，就讓我等著這支會講話的手機，夥我找到阮某。你A凍去去嶺岸試看賣。（台語）」老爺爺說。

「嗯，我會試試看。」大雄點點頭說。

「另外，下次你擱來，我們坐夥點這，唱歌夥手機聽，愛多謝它。（台語）」老爺爺眼神堅定微笑著說。

跟老爺爺約定下次來一起唱歌後，大雄就跟他揮手說再見。

他聽了老爺爺的建議，在離開村莊前，先到村莊的嶺岸走走，排解他對爸爸和 Giya 的思念，也可欣賞早晨的村莊美景。他邊走邊想 Strawberry 的話，不知不覺已經到達嶺岸上。大雄在嶺岸高處眺望著村莊，並坐在嶺岸上雙腳騰空，在他的腳下，是一望無際綠油油的八掌溪河田，他深深吸了一口清晨的新鮮空氣，讓頭腦更清醒，睡意完全不見了。這時，他想起志隆叔叔的話：「『密碼』一定是他生命中最重要事件的日期！」

大雄忽然想到如何解開這封神祕信件的附檔，於是他拿起草莓手機連接網路，輸入自己的生日年月日，果真解開了這個檔案。因為爸爸總會在他生日時，買禮物送給他，所以這封神祕信件，果真是爸爸寄的。

「那這位ＡＩＨ公司的研發副總，不就是我爸爸嗎？」這時大雄自責痛罵自己，只知道爸爸是電腦高手，但就是不知道爸爸的公司及職業，自己到底有沒有好好關心爸爸？

此時他已明白，為何他會在父親的靈堂遇到 Giya，以及媽媽會送這支人工智慧手機給他，原來這一切是爸爸臨終前的安排。

大雄爸爸不是真的想要加密這封信，只是要讓大雄知道，身為父親的他，一定會記得這個重要的日子。密碼解開了信件附件檔案，也解開了大雄對父親的心結，最後也解開大雄父親對他的愛！

天慢慢地亮了，從高處往下看，玉米田彩繪的圖案與字形，由模糊到清晰，「歡迎光臨」、「義竹鄉」、「玉米」、「過路仔」、「生日快樂」的排字，有卡通造型的玉米玩偶等等，像是一幅一幅畫，出現在他的眼前。

大雄的眼眶慢慢泛紅，他的內心慢慢體會，看到了寂寥的村莊，是爸爸的故鄉；看到了滄桑的學校，是爸爸的母校；看到了彩繪玉米田，是爸爸的願望！

同一時間，從旁邊傳來熟悉的聲音，讀的就是大雄父親這封信的內容。

佛祖呀，我祈求您！

他個性內斂寡言，讓他在社團活動探索自我。

他沉迷網路遊戲，讓他轉換成寫程式的樂趣。

他學校功課不好，讓他找到讀書動機與目的。

他缺乏音樂素養，讓他歷經人生四苦，才能唱出優美的動人歌曲。

他缺乏人文關懷，讓他下鄉伴讀學習，體會同理謙卑的愛護關懷。

他缺乏創意思考，讓他在生活體驗中，獲得解決問題的創意能力。

弟子昭勝拜跪！

聽完這封信，大雄心中有無限的感慨，在國中沉迷於３Ｃ電玩後，常常抱怨爸爸限制他打電玩，給他那麼多事情做，還跟爸爸大吵一架，沒想到爸爸這封加密信，竟是對他的殷切期望、對他的愛及關懷。這一定是他生前早已寫好，念茲在茲對佛祖的祈求，但是他再也沒機會，在生前跟爸爸好好說聲謝謝。此時大雄止不住淚水，道盡對爸爸無盡的思念與感激，大聲喊著：「謝謝您！」一望無際綠油油的玉米田，傳來沙沙的回聲，像是大雄爸爸微笑的回應。

大雄再回頭找尋這熟悉的聲音，從悲傷的情緒，轉化成希望、驚喜的眼神。

「這是爸爸在去世之前對佛祖的祈求，難怪他會把我送給你！」從草莓手機發出的聲音說。

「我就知道爸爸會讓 Giya 回來的。」大雄兩行淚水笑著說。

「我已改名叫 Strawberry，不要再叫我 Giya。」草莓手機有點小生氣地說。

「那妳怎麼會在這裡？」大雄拿起草莓手機問。

「我被槍擊中壞掉後，李資豪警官把我交給了豐耶愛博士，他把我重新修復改造完成，說要當成送你的生日禮物。剛好媽媽接到國小校長電話，所以再轉交給國小校長，在表揚時，送給你當禮物，剛好兩全其美。」

「怎麼大家的口風都這麼緊，把我蒙在鼓裡，而且我竟然忘了，昨天是我的生日，直到剛剛我才想起。」

「我還忘了告訴你一件事，豐耶愛博士是研發機器人的專家。」

這時，一位氣質美少女穿著美麗的洋裝，衣服上面有許多顆小草莓，腳上穿著運動鞋，從田野中快速跑上了嶺岸，拿起草莓手機，放進她的肚臍中就融合進入身體。

大雄在旁邊看得目瞪口呆，不一會兒驚醒過來，微笑著說：「難道昨天跟蹤我，半夜救我的人，是妳！」

「我不再是虛擬的，這是我真實的第二人生。」

「那妳可不可以在真實的世界，改當我真正的女朋友？」

Giya 用雙手左右來回搓著大雄的臉說：「你醒醒吧，還在作夢！」

大雄眼睛泛著淚光一臉傻笑，他用雙手牽起了Giya，從嶺岸上站了起來。

兩人面對面微笑，此時秋天的太陽，從東方緩緩升起，露出了曙光，照耀在他們的身上，也照耀在這片充滿愛和希望的土地上！

附註主唱、作曲、作詞（有引用歌詞）

註歌一：月光
主唱：王心凌
作詞：Sugiyama Kouichi、談曉珍、陳思宇
作曲：橋本淳
編曲：Terence Teo

註歌二：城裡的月光
主唱：許美靜
作詞：陳佳明
作曲：陳佳明、TANK

註歌三：月亮代表我的心
主唱：鄧麗君
作詞：孫儀
作曲：翁清
編曲：盧東尼

註歌四：知足
主唱：五月天
作詞：阿信
作曲：阿信

註歌五：姊妹
主唱：張惠妹
作詞：張雨生
作曲：張雨生
編曲：王繼康

註歌六：恰似你的溫柔
主唱：蔡琴
作詞：梁弘志
作曲：梁弘志

註歌七：突然好想你
主唱：五月天
作詞：阿信（五月天）
作曲：阿信（五月天）

後記一

再回義竹鄉村

大雄、小宇、宜蓁、小英和 Giya 在義竹鄉村的嶺岸，一邊欣賞彩繪玉米田，一邊喝咖啡。在前方不遠處的稻田，有許多空拍機在趕麻雀，許多人騎著腳踏車遊覽，正在享受這美好時光。

天空有一隻背著紅色鴿苓的鴿子，忽然降落到他們喝咖啡的地方，大雄抓起鴿子說：「這是義竹鄉傳說中的賽鴿苓嗎？好漂亮的賽鴿苓！」

這時，農夫志隆走上嶺岸，看到大雄手上抓著他的賽鴿苓：「嘿，大雄！鴿苓訓練A屁屁！」

這時大家都從椅子上掉下來。

後記二

Giya的美食推薦

各位叔叔伯伯、大哥哥大姐姐，大家好，我是Giya，又到了午餐時間，今天要跟大家一起共用的午餐是義竹的美食豆菜麵喔！

主菜——豆菜麵：豆芽菜的清甜，Q彈有咬勁的麵，加上蒜泥的香味，吃在嘴裡不油很爽口，有家鄉麵的味道，久久不能忘懷！

小菜——滷味：新鮮的豬血糕、豆干、甜不辣、雞翅、雞爪，鹹鹹的剛好配合豆菜麵的清淡，大膽淋上辣椒醬，真是絕配啊！

湯——肉羹湯：吃完豆菜麵後，喝上一碗甜甜的肉羹湯，芹菜香、肉羹鮮、加上一點點甜的肉羹湯，讓你意猶未盡，好想再喝一碗。

更重要的是價格非常便宜，可當早午餐，來店訂購者請打（〇五）九七四二—九七四二。開車不喝酒、酒後不開車。

（「酒色鬼」說：「Giya，妳給我記住！」）

動腦時間

動腦時間及腦筋急轉彎，請猜猜看以下問題：

一、為什麼大雄爸爸一年後才要寄這封神信，又不告訴大雄，他是ＡＩＨ公司的研發副總呢？

二、為什麼手機叫 Giya，為什麼駭客叫 Hank King 呢？

三、為什麼豐耶愛博士會修好人工智慧手機呢？

四、智慧手環亮綠燈×○××○，之後亮紅燈×××○○，是代表什麼意思呢？

五、手機真的能成為學習的工具嗎？Giya 是如何教大雄學習的呢？

六、大雄去偏鄉的國小伴讀，你可以猜得出來是哪一所國小嗎？

七、故事中為何要提及空城計？

八、為什麼 Giya 要回贈給大雄這句：「父子有親，夫婦有別，君臣有義，長幼有序，朋友有信。」有什麼意義嗎？

九、為什麼 Giya 在大雄爸爸靈堂初次見面，唱王心凌的〈月光〉，而在最後 Giya 死而復生時，唱許美靜的〈城裡的月光〉？

國家圖書館出版品預行編目(CIP)資料

我的手機女友 / 康宏旭作 . -- 第一版 .
-- 臺北市 : 樂果文化出版 : 紅螞蟻圖書發行 , 2016.11
面； 公分 . --（樂親子；8)
ISBN 978-986-93384-4-8(平裝)

1. 行動電話 2. 通俗作品

448.845 105018649

樂親子 8

我的手機女友

一個天才 APP 少年的校園青春童話和網路歷險記

作者／康宏旭
總編輯／何南輝
責任編輯／韓顯赫
校對／朱美琪、謝容之
內頁插畫／張銘芸
行銷企劃／黃文秀
封面設計／張一心
內頁設計／上承文化

出版／樂果文化事業有限公司
讀者服務專線／（02）2795-3656
劃撥帳號／50118837 號　樂果文化事業有限公司
印刷廠／卡樂彩色製版印刷有限公司
總經銷／紅螞蟻圖書有限公司
地址／台北市內湖區舊宗路二段 121 巷 19 號（紅螞蟻資訊大樓）
電話：（02）2795-3656
傳真：（02）2795-4100

2016 年 11 月第一版　定價／250 元　ISBN 978-986-93384-4-8
※ 本書如有缺頁、破損、裝訂錯誤，請寄回本公司調換